高职高专机电类专业"十三五"规划教材

西门子 S7-300/400 PLC
项目化教程

主 编 李文芳 李宏策

主 审 张 华

西安电子科技大学出版社

内 容 简 介

本书以目前国内使用最广泛的西门子 S7-300/400 为例介绍 PLC 相关知识。 本书设计了 4 个项目,每个项目分为若干任务,任务难度逐级递增。每个任务包括"任务描述"、"知识导航"、"任务实施"、"课后实践" 4 个部分。根据"任务描述",读者可以在"知识导航"中寻求答案;"任务实施"部分详细介绍任务实施的具体过程,读者可以一边看书,一边用编程软件和仿真软件进行操作;"课后实践"提供一些与任务相关的题目,方便读者做类似的或进一步的操作练习,以巩固所学的知识。

本书可以作为高职高专、技工学校电气自动化、机电一体化、工业机器人等相关专业的教材,也可以作为技术人员自学的教材。

图书在版编目(CIP)数据

西门子 S7-300/400 PLC 项目化教程 / 李文芳,李宏策主编. —西安: 西安电子科技大学出版社,2019.3
ISBN 978-7-5606-5263-4

Ⅰ. ① 西… Ⅱ. ① 李… ② 李… Ⅲ. ① PLC 技术—教材 Ⅳ. ① TM571.61

中国版本图书馆 CIP 数据核字(2019)第 033918 号

策划编辑　杨丕勇
责任编辑　张　玮
出版发行　西安电子科技大学出版社(西安市太白南路 2 号)
电　　话　(029)88242885　88201467　　邮　　编　710071
网　　址　www.xduph.com　　　　电子邮箱　xdupfxb001@163.com
经　　销　新华书店
印刷单位　北京虎彩文化传播有限公司
版　　次　2019 年 3 月第 1 版　　2019 年 3 月第 1 次印刷
开　　本　787 毫米×1092 毫米　1/16　　印　张　10.25
字　　数　240 千字
印　　数　1～1000 册
定　　价　28.00 元

ISBN 978-7-5606- 5263 - 4 / TM

XDUP 5565001-1

前　言

PLC(可编程控制器)已被广泛应用于各种生产机械和生产过程的自动控制中，成为一种最重要、最普及、应用场合最多的工业控制装置，被公认为现代工业自动化的三大支柱之一。目前，S7-300/400 PLC 是国内应用最广、市场占有率最高的大中型 PLC。

很多读者都觉得 S7-300/400 不容易入门，尤其是高职高专的学生，基础较为薄弱，学习起来更加困难，而目前在高职高专院校使用的教材中，符合学生特点的教材普遍存在内容多、理论深、实践内容少的问题。针对以上不足，本书力求通俗易懂、深入浅出；在内容的选取上，简化理论，注重动手操作。

本书设计了 4 个项目，每个项目分为若干任务，任务难度逐级递增，每个任务包括"任务描述"、"知识导航"、"任务实施"、"课后实践" 4 个部分。根据"任务描述"，读者可以在"知识导航"中寻求答案；"任务实施"部分详细介绍任务实施的具体过程，读者可以一边看书，一边用编程软件和仿真软件进行操作；"课后实践"提供一些与任务相关的题目，方便读者做类似的或进一步的操作练习，以巩固所学的知识。

本书把 S7-300/400 PLC 应用技术主要的知识点，即软件安装、硬件和网络组态、编程、监控、故障诊断、指令应用、程序结构、程序设计方法、通信等内容碎片化融入到 4 个项目的任务当中。利用 S7-300/400 PLC 功能强大、使用方便的 S7-PLCSIM 仿真软件，模拟 PLC 硬件的运行和执行用户程序，使得读者在做中学、学中做。当四个项目完成后，读者就能较全面地掌握 S7-300/400 PLC 的使用方法。

本书由李文芳、李宏策主编，其中李文芳编写项目 1、项目 2，李宏策编写项目 3 和项目 4。全书由李文芳统稿。

由于编者水平有限，书中不妥之处在所难免，敬请各位同行、读者批评指正，以便修订时改进。

编　者

2018 年 12 月

目　　录

项目一 混料控制系统

【项目导入】

在化工、机械等行业的生产过程中，混料是十分重要也是必不可少的环节。所谓混料，通常是指将原材料按一定比例混合在一起的过程。一般来说，某工序若没有进行系统的混料参数优化，混料参数搭配不合理，势必造成质量较差、损耗较高、技术经济指标欠佳的状况，因此在生产过程中，提高原材料的混料精度是保证产品质量的重要条件。在实际工程中，控制较为复杂。本项目作为本书的第一个项目，为了让初学者更容易入门，把项目简单化并分为 3 个任务。任务 1 是简易混料控制系统；任务 2 是可定时混料控制系统；任务 3 是配置液位传感器的混料控制系统。

任务 1 简易混料控制系统

【任务描述】

如图 1-1-1 所示为一简易混料控制系统。图中，电磁阀 A、电磁阀 B 和电磁阀 C 在线圈通电时打开，线圈断电时关闭。在初始状态时容器是空的，各阀门均关闭。为每个电磁阀、搅拌机设置一个"接通/断开"开关。打开电磁阀 A 进料 A，打开电磁阀 B 进料 B，

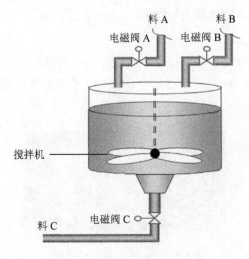

图 1-1-1 简易混料控制系统

启动搅拌机后搅拌,打开电磁阀 C 放出混合后的料 C。每种液体进料的比例以及搅拌、放料的时间均由人工判断。

【知识导航】

一、西门子 PLC 系列介绍

目前 PLC 的生产厂家及 PLC 的型号很多,在我国应用较多的有 SIEMENS(德国西门子)、MITSUBISHI(日本三菱)、NATIONAL(日本松下)、LG(韩国乐金)、A–B(美国罗克韦尔)、OMRON(日本欧姆龙)、SCHNEIDER(德国施耐德)、GE(美国通用电气)、FANUC(日本发那科)和国产的一些产品。

德国西门子公司的 PLC 在国际上具有较高的市场占有率,其主要产品有 S5、S7、C7 及 WinAC 等几个系列。其中 S7 系列 PLC 于 1994 年问世,是目前 PLC 市场的主流产品,分为 S7-200、S7-300 和 S7-400 几个子系列。

1. S7-200 系列 PLC

S7-200 系列 PLC 是针对简单控制系统设计的小型 PLC,采用集成式、紧凑型结构,一般适用于 I/O 点数为 100 点左右的单机设备或小型应用系统。S7-200CN 是在 S7-200 的性能基础上专门为中国用户开发的本土化产品,于 2005 年 12 月 16 日在中国正式发布,具有与 S7-200 相同的功能及技术指标。典型 S7-200 系列 PLC 如图 1-1-2 所示。

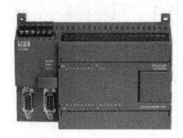

图 1-1-2　典型 S7-200 系列 PLC

S7-200 系列 PLC 的编程软件为 STEP 7-Micro/Win V4.0。

2. S7-300 系列 PLC

S7-300 系列 PLC 是针对中小型控制系统设计的中型 PLC,采用模块化、无风扇结构,一般适用于 I/O 点数为 1000 点左右的集中或分布式的中小型控制系统。典型 S7-300 系列 PLC 如图 1-1-3 所示。

图 1-1-3　典型 S7-300 系列 PLC

3. S7-400 系列 PLC

S7-400 系列 PLC 是针对大中型控制系统设计的大型 PLC，采用模块化、无风扇结构，一般适用于 I/O 点数为 10 000 点左右的自动化控制系统。典型 S7-400 系列 PLC 如图 1-1-4 所示。

图 1-1-4　典型 S7-400 系列 PLC

S7-300/400 系列 PLC 的编程软件为 STEP 7，其中文版最新版本为 STEP 7 V5.5，英文版最新版本为 STEP 7 V5.5 及 STEP 7 2010 Professional。

二、S7-300/400 系列 PLC 系统构成

S7-300/400 系列 PLC 采用配置灵活的模块化结构，如图 1-1-5 所示。除电源、CPU 和 IM(接口模块)外，S7-300/400 可以选择的其他模块有 DI(数字量输入)、DO(数字量输出)、AI(模拟量输入)、AO(模拟量输出)、FM(功能模块)和 CP(通信模块)等。

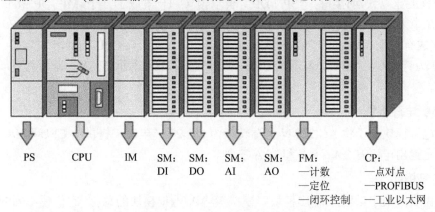

图 1-1-5　S7-300/400 的模块化结构

1. 中央处理单元

1) S7-300

S7-300 总共有 20 种不同型号的 CPU，分别适用于不同等级的控制要求。S7-300 的 CPU 模块大致可以分成以下几类：

(1) 紧凑型 CPU：适用于有较高要求的系统。各 CPU 均有计数、频率测量和脉冲宽度调制功能，有的还具有定位功能和集成的 I/O。如 CPU 312C、CPU 313C、CPU 313C-PtP、CPU 313C-2DP、CPU 314C-PtP 和 CPU 314C-2DP。

(2) 标准型 CPU：适用于大中规模的 I/O 配置的系统，对二进制和浮点数有较高的处理性能。如 CPU 312、CPU 313、CPU 314、CPU 315、CPU 315-2DP 和 CPU 316-2DP。

(3) 户外型 CPU：适用于中规模的 I/O 配置的系统。如 CPU 312 IFM、CPU 314 IFM、CPU 314 户外型和 CPU 315-2DP。该 CPU 可在恶劣的环境下使用。

(4) 高端 CPU：适用于大规模 I/O 配置和建立分布式 I/O 结构的系统。如 CPU 317-2DP 和 CPU 318-2DP。

(5) 故障安全型 CPU：适用于组成故障安全型的自动化系统。如 CPU 315F-2DP、CPU 315F-2PN/DP、CPU 317F-2DP 和 CPU 317F-22PN/DP。

2) S7-400

S7-400 系列 CPU 模块从 CPU 412 到 CPU 417 有 10 多种型号。与 S7-300 排序相似，CPU 序号越高，其功能越强。S7-400 的 CPU 按功能可分为以下几种：

(1) 普通型 CPU：如 CPU 412、CPU 413-1、CPU 414-1、CPU 416-1、CPU 417-4。

(2) 标准型 CPU：如 CPU 412-2DP、CPU 413-2DP、CPU 414-3DP、CPU 414-3PN/DP、CPU 416-2DP、CPU 416-3DP、CPU 416-3PN/DP。

(3) 故障安全型 CPU：如 CPU 416F-2、CPU 416F-3PN/DP。

(4) 冗余型 CPU：如 CPU 414-4H、CPU 417-4H。

CPU 型号中的"C"表示该 CPU 集成输入/输出信号点、计数器、定时器等功能；"2DP"表示该 CPU 集成有一个 MPI(多点通信接口，默认配置)和一个 DP(PROFIBUS DP)接口；"3DP"表示该 CPU 集成了一个 MPI 接口和一个 DP 接口，并预留一个 DP 接口的插槽，DP 接口需要另外购买；"2PN/DP"表示该 CPU 集成了一个 MPI/DP 接口和一个 PROFINET(工业以太网)接口；"3PN/DP"表示该 CPU 集成了一个 MPI/DP 接口和一个 PROFINET 接口，并预留一个 PROFINET 接口插槽，需另外购置相应接口；"2PtP"表示该 CPU 集成有一个 MPI 和一个 PtP(点对点)接口；"F"表示该 CPU 为故障安全型；"T"表示该 CPU 为特种型；"IFM"表示该 CPU 为户外型；"H"表示该 CPU 为冗余型，可用于冗余系统。

2. 负载电源模块

负载电源模块用于将 AC 220 V 电源转换为 DC 24 V 电源，提供给 CPU 和 I/O 模块使用。其额定输出电流有 2 A、5 A 和 10 A 三种。

3. 信号模块

信号模块是数字量输入/输出模块和模拟量输入/输出模块的总称，它们使不同的过程信号电压或电流与 PLC 内部的信号电平相匹配。

4. 功能模块

功能模块用于完成某些对实时性和存储容量要求较高的控制任务，例如高速计数器模块、快速/慢速进给驱动位置控制模块、步进电动机定位模块、伺服电动机定位模块、闭环控制模块、工业标识系统的接口模块、称重模块、位置输入模块等。

5. 通信模块

通信模块用于 PLC 之间、PLC 与计算机和其他智能设备之间的通信，可以将 PLC 接入 PROFIBUS-DP、AS-I 和工业以太网，也可以实现点对点通信等。

6. 接口模块

接口模块用于多机架配置时连接中央机架(CR)和扩展机架(ER)。

7. 导轨

导轨(RACK)用于固定和安装各种模块，如称重模块、位置输入模块等。

8. 其他外部设备

其他外部设备包括计算机(可以安装 STEP 7 编程软件或作为上位机)、操作屏、触摸屏、打印机等。

三、S7-300/400 系列 PLC 的工作过程

PLC 采用周期性循环处理的顺序扫描工作方式。当 S7-300/400 系列 PLC 得电或从 STEP 模式切换到 RUN 模式时，CPU 首先执行一次全启动操作，清除非保持位存储器、定时器和计数器，删除中断堆栈和块堆栈，复位所有的硬件中断和诊断中断等，并执行一次用户编写的"系统启动组织块 OB100"，完成用户指定的初始化操作。然后进入对主循环组织块(OB1)的周期性循环扫描操作：CPU 从第一条指令开始，按照顺序逐条执行用户程序，直到用户程序结束；再次返回第一条指令，开始新一轮的扫描。PLC 工作过程如图 1-1-6 所示。

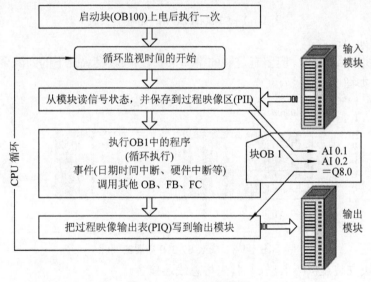

图 1-1-6　PLC 工作过程

四、S7-300/400 系列 PLC 模块安装

1. S7-300 系列 PLC 模块安装

S7-300 系列 PLC 采用紧凑的、无槽位限制的模块结构。一个 S7-300 系统由多个模块组成，所有模块安装在机架上，根据需要选择合适的模块组建 S7-300 系统。

S7-300 各组成模块可采用垂直或水平装配，如图 1-1-7 所示，所允许的环境空气温度如下：

(1) 垂直装配：0~40℃。

(2) 水平装配：0～60℃。

注意：CPU 和电源模块必须安装在机架的左侧或底部。

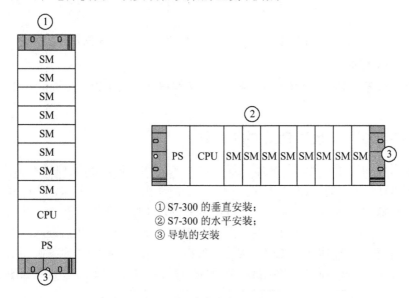

① S7-300 的垂直安装；
② S7-300 的水平安装；
③ 导轨的安装

图 1-1-7　S7-300 PLC 水平和垂直安装

安装步骤如下：

(1) 安装机架(导轨)时，应留有足够的空间来安装模块(模块上下的间隙至少为 40 mm)，以利于散热，如图 1-1-8 所示。

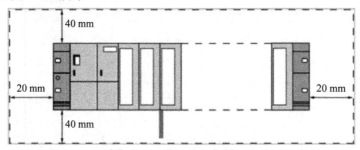

图 1-1-8　安装 S7-300 需要的间隙

(2) 将模块安装在机架上。安装时先将总线连接器插入 CPU 和 SM/FM/CP/IM。除 CPU 外，每个模块都带有一个总线连接器，如图 1-1-9 所示。按指定的顺序，将所有模块挂靠到导轨上，最后用螺钉进行固定。

(3) 分配插槽号。应给每个安装的模块指定一个插槽号，这会使 STEP 7 在组态表中分配模块时更加容易。机架上的模块编号是根据安装顺序连续编号的。表 1-1-1 显示了插槽号分配情况。由于模块使用总线连接器进行连接，所以槽号是相对的，不存在物理槽号，在机架导轨上并不存在物理槽位。

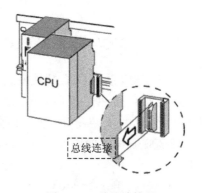

图 1-1-9　总线连接器

表 1-1-1 S7 模块的插槽号

插 槽 号	模 块	注 释
1	电源(PS)模块	—
2	CPU	—
3	接口模块(IM)	在 CPU 的右边
4	1. 信号模块(SM)	在 CPU 或 IM 的右边
5	2. 信号模块(SM)	—
6	3. 信号模块(SM)	—
7	4. 信号模块(SM)	—
8	5. 信号模块(SM)	—
9	6. 信号模块(SM)	—
10	7. 信号模块(SM)	—
11	8. 信号模块(SM)	—

(4) 接线。对电源模块、CPU 模块和信号模块进行接线。需要注意的是，对 S7-300 系统进行接线时必须切断电源。

2. S7-400 系列 PLC 模块安装

S7-400 电源模块必须安装在机架最左侧，接口模块必须安装在机架的最右侧。需要通过通信总线进行数据交换的模块只能安装在 0~6 号机架。机架在控制柜中的最小安装间距为：机架左右为 20 mm，机架上方为 40 mm，下方为 22 mm，机架之间为 110 mm。

S7-400 模块的安装步骤与 S7-300 模块的安装步骤基本一致，这里不再介绍。

五、S7-300/400 系列 PLC 程序结构简介

STEP 7 将用户编写的程序和程序所需的数据放置在块中，使单个的程序部件标准化。块与块之间通过类似于子程序的调用，使用户程序结构化，从而简化程序组织，使程序易于修改、查错和调试，如图 1-1-10 所示。

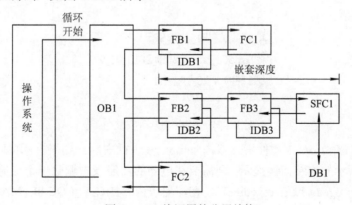

图 1-1-10 块调用的分层结构

块结构增加了 PLC 程序的组织透明性、可理解性和易维护性。各种块的简要说明见表 1-1-2。组织块(OB)、功能(FC)、功能块(FB)、系统功能(SFC)、系统功能块(SFB)都包含

程序，统称为逻辑块。程序运行时所需的大量数据和变量存储在数据块中。

表 1-1-2　用户程序中的块

块	简 要 描 述
组织块(OB)	操作系统与用户程序的接口，决定了用户程序的结构
系统功能块(SFB)	集成在 CPU 模块中，通过 SFB 调用一些重要的系统功能，有存储区
系统功能(SFC)	集成在 CPU 模块中，通过 SFB 调用一些重要的系统功能，无存储区
功能块(FB)	用户编写的包含常用功能的子程序，有存储区
功能(FC)	用户编写的包含常用功能的子程序，无存储区
背景数据块(DI)	调用 FB 和 SFB 时用于传递参数的数据块，在编译过程中自动生成数据
共享数据块(DB)	存储用户数据的数据区域，供所有的块使用

这里介绍组织块 OB，其他逻辑块将在后面逐渐学习。组织块是操作系统与用户系统的接口，由操作系统调用，用于控制扫描循环和中断程序的执行、PLC 的启动和错误处理等。CPU 的操作系统完成启动过程后，将循环执行 OB1，可以在 OB1 中调用其他逻辑块。除 OB90 以外，OB1 优先级最低，可以被其他 OB 中断。OB1 默认扫描监控时间为 150 ms(可设置)，扫描超时，CPU 自动调用 OB80 报错，如果程序中没有建立 OB80，CPU 就会进入停止模式。

六、安装 STEP 7 和仿真软件 PLCSIM

西门子 PLC 编程软件 STEP 7 V5.5 SP2 中文版支持的电脑操作系统有 Windows XP SP2/SP3 版本、Windows 7 32 位旗舰版/专业版、Windows 7 64 位旗舰版/专业版。下面以 Windows 7 操作系统为例介绍西门子 PLC 编程软件 STEP 7 V5.5 SP2 的安装步骤。

(1) 解压 STPE 7 软件安装包，如图 1-1-11 所示。如果没有仿真器 PLCSIM 文件，则需另行下载。

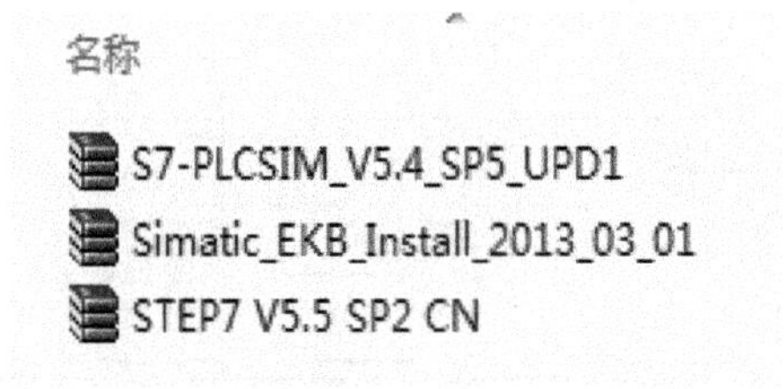

名称

S7-PLCSIM_V5.4_SP5_UPD1

Simatic_EKB_Install_2013_03_01

STEP7 V5.5 SP2 CN

图 1-1-11　STEP 7 软件安装包

(2) 打开 STEP 7 V5.5 文件夹，双击 setup.exe 进行安装。如果提示电脑需要重启或弹出如图 1-1-12 所示的安装错误提示，则需要在电脑的注册表中删除一个注册表。具体方法：运行注册表命令 regedit 或者 regedit 32，在注册表内 "HKEY_LOCAL_MACHINE\System\CurrentControlSet\Control\Session Manager\" 中找到注册表 "PendingFileRenameOperations"，右击进行删除，如图 1-1-13 所示。

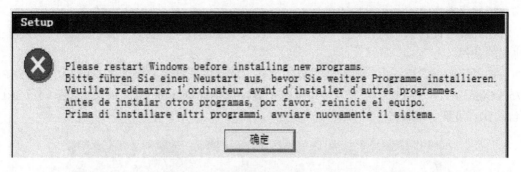

图 1-1-12 安装 STEP 7 出现的错误提示

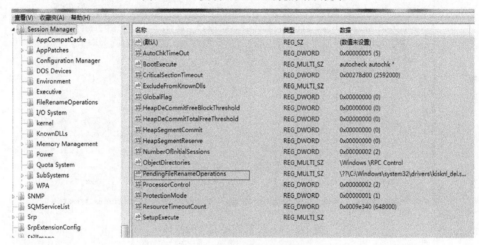

图 1-1-13 删除注册表中的文件

(3) 设置安装语言为简体中文，如图 1-1-14 所示。

图 1-1-14 设置安装语言

(4) 每次出现的对话框的操作完成后，点击"下一步"按钮。有的对话框没有什么操作，只需要点击"下一步"按钮确认。

在"许可证协议"对话框中，应选中"我接受上述许可证协议以及开放源代码许可证协议的条件"。

在"程序"对话框中，设置要安装的软件，默认的选择是安装图 1-1-15 中的"STEP 7 V5.5 Chinese"、"S7-PCT V2.1"(接口组态工具)和"Automation License Manager V5.0 SP1"(自动化许可证管理器)。

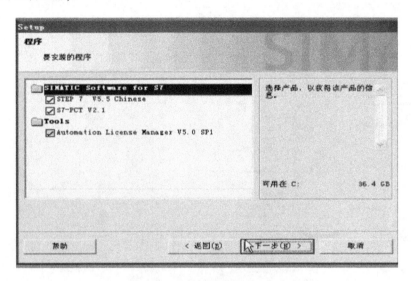

图 1-1-15　设置需要安装的软件

在"系统设置"对话框中，选中"我接受对系统设置的更改。"，如图 1-1-16 所示。

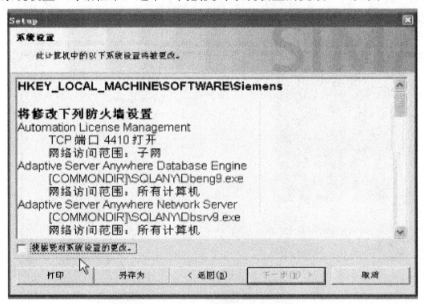

图 1-1-16　"系统设置"对话框

(5) 程序进入安装状态，大概会花费十几分钟。安装状态如图 1-1-17 所示。

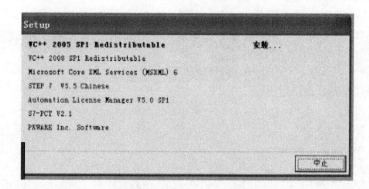

图 1-1-17　程序安装状态

(6) 进入逐个程序安装状态，此时点击"下一步"按钮，如图 1-1-18 所示。

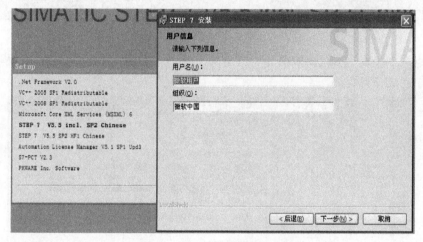

图 1-1-18　逐个程序安装状态

(7) "安装类型"选择"典型的"，设置安装路径(也可以选择安装到其他磁盘)，点击"下一步"按钮，如图 1-1-19 所示。

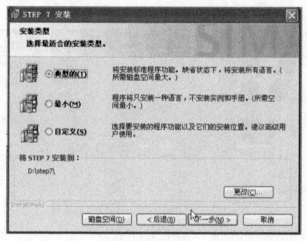

图 1-1-19　"安装类型"对话框

(8) "产品语言"选择"简体中文",如图 1-1-20 所示,点击"下一步"按钮。

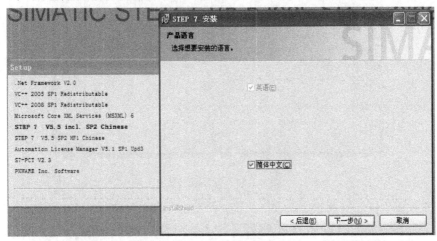

图 1-1-20　"产品语言"对话框

(9) 点击"安装"按钮,如图 1-1-21 所示,程序会继续进行安装。这个过程需要几分钟,如图 1-1-22 所示。

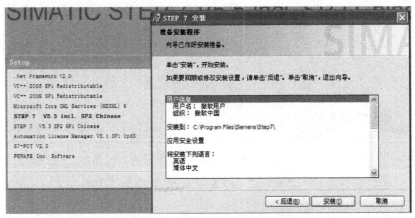

图 1-1-21　"准备安装程序"对话框

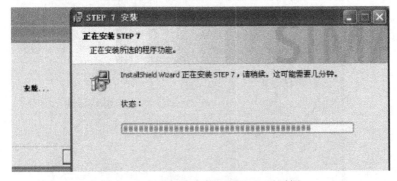

图 1-1-22　"正在安装 STEP 7"对话框

(10) 当出现"存储卡参数赋值"对话框时,"接口"选择"无",如图 1-1-23 所示,点击"确定"按钮。

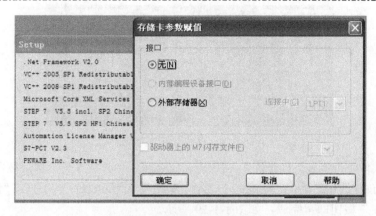

图 1-1-23 设置通信接口

(11) 在"安装/删除接口"的"模块"项中点击"PC Adapter",再点击"安装"按钮,如图 1-1-24 所示,然后点击"关闭"按钮。

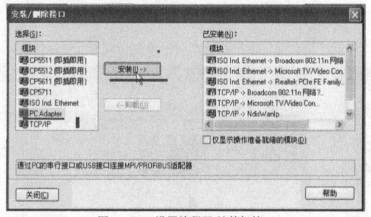

图 1-1-24 设置编程器/计算机接口

(12) 在图 1-1-25 所示的对话框中选择立即重启计算机,重启后计算机桌面上会出现图 1-1-26 所示的三个图标。

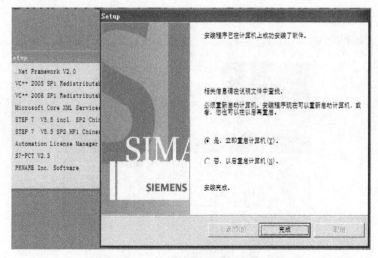

图 1-1-25 安装完成后选择立即重启

图 1-1-26　桌面上出现的图标

(13) 对软件进行授权。打开图 1-1-27 所示安装包中的授权文件，然后按照图 1-1-28 所示完成操作：首先选中左栏的"Required keys"，其次勾选"Select"，然后点击"Install Long"，最后点击"All"按钮即可完成，如图 1-1-29 所示。

Simatic_EKB_Install_2011_05_22
2014/4/2 20:14
1.24 MB

图 1-1-27　授权软件

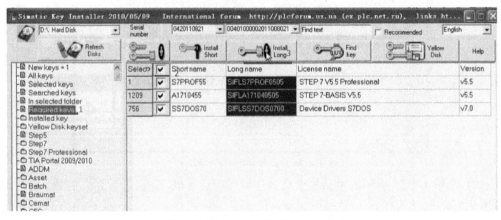

图 1-1-28　授权步骤

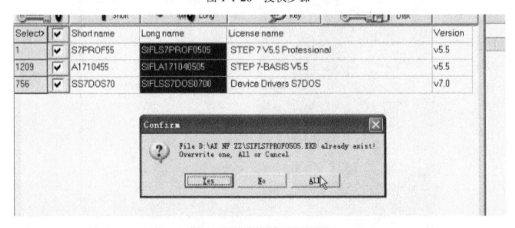

图 1-1-29　授权完成对话框

仿真软件 S7-PLCSIM V5.4_SP5_UPD1 的中文版(英文可选)支持 Windows 7 32 位/64 位操作系统。安装时，直接运行 S7-PLCSIM V5.4_SP5_UPD1 文件夹内的 setup.exe 文件(建议通过右键以管理员身份运行)，完成后再进行授权即可。

【任务实施】

一、I/O 分配表

根据任务分析，对输入/输出(I/O)地址进行分配，如表 1-1-3 所示。

表 1-1-3　I/O 地址分配表

输入			输出		
元件	地址	说明	元件	地址	说明
SA1	I0.1	控制电磁阀 A 开关	KY1	Q0.1	电磁阀 A
SA2	I0.2	控制电磁阀 B 开关	KY2	Q0.2	电磁阀 B
SA3	I0.3	控制搅拌机开关	KA1	Q0.3	搅拌机运行
SA4	I0.4	控制电磁阀 C 开关	KY3	Q0.4	电磁阀 C

二、PLC 端子接线图

选择西门子 CPU 314C-2DP，订货号为 6ES7314-6CG03-0AB0，它具有 24 数字量输入/16 数字量输出和 4 模拟量输入/2 模拟量输出，其硬件接线图如图 1-1-30 所示。

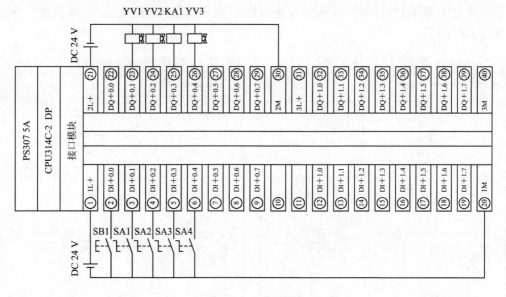

图 1-1-30　接线图

三、项目创建与硬件组态

1. 创建 S7 项目

首先介绍利用"新建项目"向导来创建新项目，步骤如下：

(1) 打开 SIMATIC Manager 对话框，出现图 1-1-31 所示的对话框，单击"预览"按钮即可在项目向导下方预览项目结构。

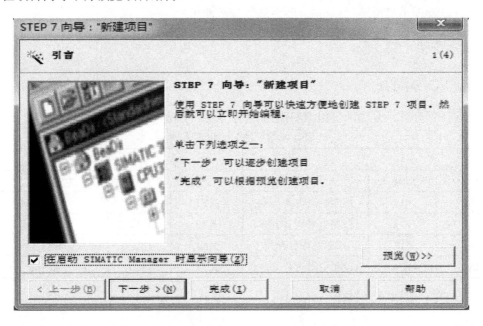

图 1-1-31　STEP 7 向导："新建项目"对话框

(2) 在图 1-1-31 中单击"下一步"按钮，进入 CPU 型号选择对话框，如图 1-1-32 所示。由于每个 CPU 都有自己的特点，所以选择的 CPU 型号必须满足控制需求。本例选择"CPU 314C-2 DP"。

图 1-1-32　选择 CPU 型号

图 1-1-33　选择组织块及编程语言

(3) 在图 1-1-32 中单击"下一步"按钮，进入组织块(OB)和编程语言(STL、LAD、FBD)选择对话框，如图 1-1-33 所示。在"块"选项区域列出了当前 CPU 所能支持的组织块，其中 OB1 为主循环组织块，相当于一般语言的主程序，可调用 S7 其他程序块。本例控制逻辑简单，只需要选择循环组织块"OB1"。在"所选块的语言"选项区域列出了可供选择的程序块编程语言，本例选择我们熟悉的梯形图语言"LAD"。

(4) 在图 1-1-33 中单击"下一步"按钮，进入向导的最后一步，如图 1-1-34 所示。在"项目名称"文本框中输入项目名称。本任务中将项目命名为"jyh1"。

图 1-1-34　项目命名

(5) 单击"完成"按钮完成新建项目创建，并返回到 SIMATIC Manager 对话框。所建项目如图 1-1-35 所示，项目已创建了"SIMATIC 300 站点"。

图 1-1-35　所创建的项目

2. 硬件组态

(1) 硬件组态的任务是在 STEP 7 中生成一个与实际的硬件系统完全相同的系统，组态的模块和实际的模块的插槽位置、型号、订货号和固件版本号应完全相同。组态过程如图 1-1-36 所示：单击项目下的站点名，SIMATIC Manager 的右边窗口出现硬件图标，双击"硬件"，打开"HW Config"硬件组态窗口。选中 1 号槽，展开硬件目录 PS-300 子目录，双击相应电源模块类型图标插入电源模块。2 号槽只能放置 CPU 模块，由于利用向导新建项目在前面已经选过 CPU 的型号，所以在这步不用再选。本任务中所选择的 CPU 为"CPU 314 C-2DP"，属于紧凑型 CPU，集成有 CPU 模块、数字量 I/O 模块，且可提供 24 点输入和 16

点输出，满足本任务的需要，不用再添加信号模块。

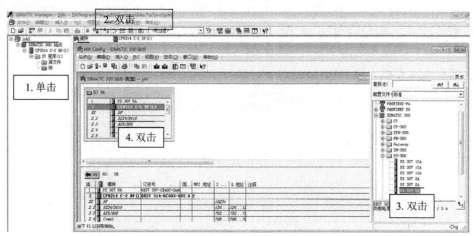

图 1-1-36　硬件配置

(2) 修改 I/O 默认地址。系统默认的数字量输入和数字量输出的起始字节为 124，本任务的数字量输入和输出的起始地址字节是从 0 开始的。双击 DI24/DO16 行，进入"属性"对话框，如图 1-1-37 所示，选中"地址"选项卡，把"系统默认"复选框的对钩去掉，在开始栏写"0"，修改完成后，单击"确定"按钮修改完成。

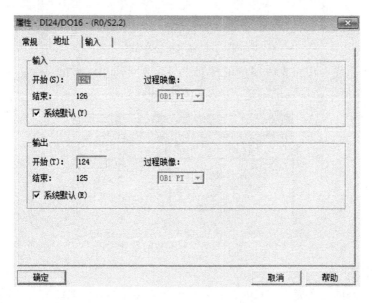

图 1-1-37　修改 CPU 314C-2 DP 的默认地址

3. 编译和保存组态信息

组态结束后，单击"HW Congfig"硬件组态窗口中的"保存和编译"按钮 ，编译成功后，选中 SIMATIC Manager 窗口 S7 程序下面的"块"，在右边窗口中可以看到编译后生成的"系统数据"，这是硬件组态信息和网络组态信息。

四、在 OB1 中创建程序

在 STEP 7 环境下编写 PLC 控制程序时，可直接将所有程序全部放在组织块 OB1 中，也可以将控制程序按功能划分为若干个子程序，分别放在功能块或功能中，然后在 OB1 中通过调用 FC 或 FB 实现程序的控制功能。下面分别采用这两种方法进行编程。

1. 在 OB1 中编程

选中 SINATIC Manager 左边窗口中的"块"，双击右边窗口中的 OB1，打开程序编辑器。逻辑块和每个程序段均有灰色背景注释区，可以进行注释。单击程序段 1 梯形图的水平线，其变为深色的加粗线，此时如果工具栏上的常开触点、线圈按钮图形变为深色，就可以编程了。输入图 1-1-38 所示的梯形图，然后保存、编译。

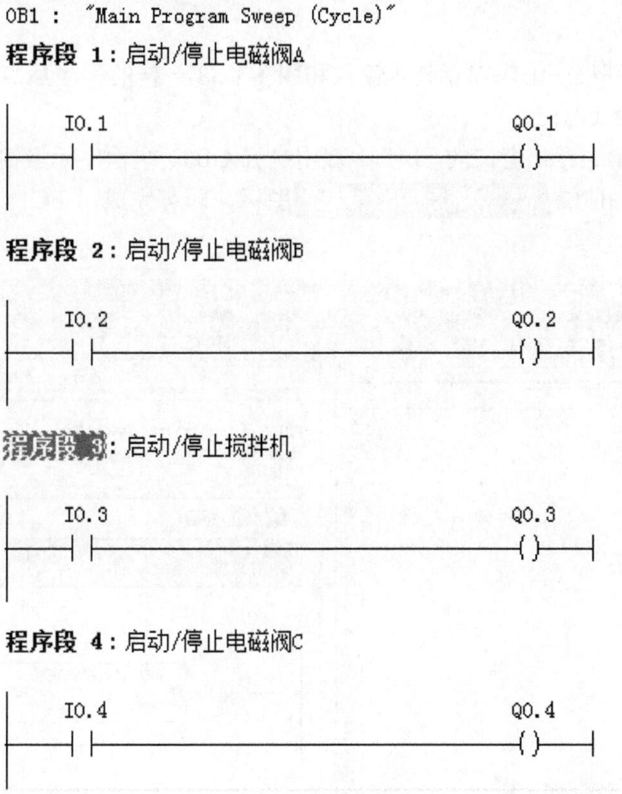

OB1 :　"Main Program Sweep (Cycle)"

程序段 1：启动/停止电磁阀A

```
      I0.1                                          Q0.1
――――| |――――――――――――――――――――――――――――――――――――――――( )――――
```

程序段 2：启动/停止电磁阀B

```
      I0.2                                          Q0.2
――――| |――――――――――――――――――――――――――――――――――――――――( )――――
```

程序段 3：启动/停止搅拌机

```
      I0.3                                          Q0.3
――――| |――――――――――――――――――――――――――――――――――――――――( )――――
```

程序段 4：启动/停止电磁阀C

```
      I0.4                                          Q0.4
――――| |――――――――――――――――――――――――――――――――――――――――( )――――
```

图 1-1-38　梯形图程序

2. 在 OB1 中调用 FC

1) 创建功能 FC1

选中 SIMATIC Manager 左边窗口中的"块"，在右边的窗口中右击，单击弹出的快捷菜单中的"插入新对象→功能"菜单项，弹出功能属性设置对话框。对话框的"名称"文本框中默认为"FC1"，在"符号名"文本框中输入"简易混料控制系统"，"创建语言"中选择"LAD"，然后单击"确定"按钮，如图 1-1-39 所示，就在"块"文件夹下创建了一个 FC1。

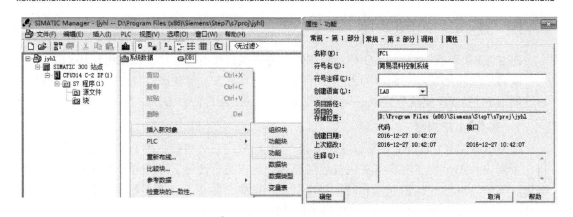

图 1-1-39　创建 FC1

2）编辑 FC1

双击 FC1 打开程序编辑对话框，输入和图 1-1-38 一样的程序后点击"保存"按钮 。

3）编辑组织块 OB1

在 SIMATIC Manager 窗口的"块"中双击打开 OB1，在程序元素窗口内单击 FC 块 图标，展开目录双击 FC1 简易混料控制系统 图标，即可完成对 FC1 的调用，如图 1-1-40 所示。

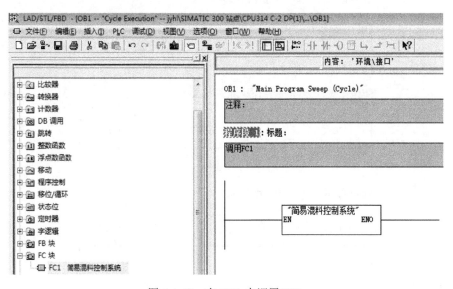

图 1-1-40　在 OB1 中调用 FC1

4）下载调试

在完成简易混料控制系统的主电路和控制电路的接线以后，还需将 PLC 系统硬件信息及控制程序下载到 PLC 中，才能对系统进行调试。

要实现编程设备和 PLC 之间的数据传送，需使用编程电缆(如 PC/MPI、PROFIBUS 总线、以太网)，如图 1-1-41 所示。PC/MPI 适配器用于连接计算机的 RS 232C 接口和 PLC 的 MPI 接口。除了适配器外，还需要一根 RS 232C 通信电缆。

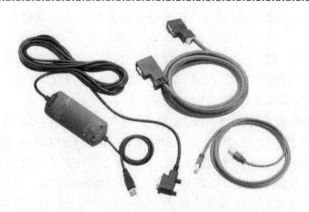

图 1-1-41　编程电缆

(1) 通信设置。在 SIMATIC Manager 窗口中单击"选项"→"设置 PG/PC 接口"命令，进入设置对话框，如图 1-1-42 所示。选择"PC Adapter.MPI.1"选项，然后单击"属性"按钮，再单击"MPI"选项卡设置适配器 MPI 接口参数，将适配器的 MPI 口的波特率固定为 187.5 kb/s。完成以上设置后即可实现计算机与 PLC 的通信。

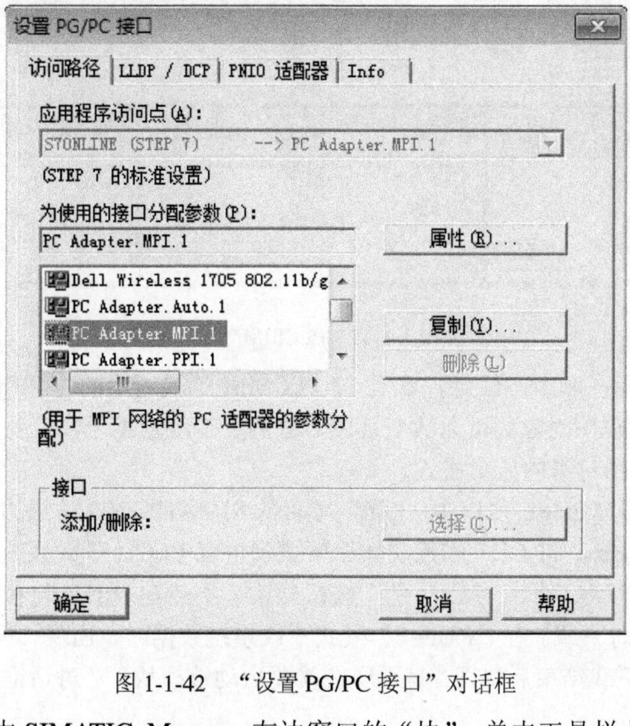

图 1-1-42　"设置 PG/PC 接口"对话框

(2) 下载。选中 SIMATIC Manager 左边窗口的"块"，单击工具栏上的 ![button] 按钮，将下载所有的块和系统信息。也可选中站点对象后单击 ![button] 按钮，将下载整个站点，包括硬件组态信息、网络组态信息、逻辑块和数据块。

在下载用户程序之前最好将 CPU 中的用户存储器复位，以删除 CPU 中的旧程序。复位方法：将模式开关从"STOP"位置拨到"MRES"位置，待指示 STOP 的 LED 灯慢速闪烁两次后松开模式开关，它自动回到"STOP"位置；再将模式开关拨到"MRES"位置，当指示 STOP 的 LED 灯快速闪动时，说明已完成复位，最后将模式开关置于"STOP"位置。

(3) 验证结果。将 PLC 上的模式开关拨到 RUN 位置时，运行指示灯亮。电磁阀 A 打开进 A 料，电磁阀 B 打开进 B 料，放料泵启动放出混合后的 C 料。

5) 用 PLCSIM 仿真调试程序

(1) 打开仿真软件 PLCSIM。S7-PLCSIM 是 S7-300/400 的仿真软件，可以替代 PLC 的硬件来调试用户程序。安装 PLCSIM 后，SIMATIC Manager 工具栏上的 🈴 按钮由灰色变为深色。单击该按钮，打开 S7-PLCSIM 后，自动建立 STEP 7 与仿真 PLC 之间的 MPI 连接，并出现图 1-1-43 所示的窗口。左边是 CPU 视图对象的小方框，单击它上面的"STOP"、"RUN"、"RUN-P"小方框，可以令仿真 PLC 处于相应的运行模式。单击"MRES"按钮，可以清除仿真 PLC 中已下载的程序。用户可以用鼠标调节 S7-PLCSIM 窗口的位置和大小，还可以执行菜单命令"视图"→"状态栏"来关闭或打开状态条。

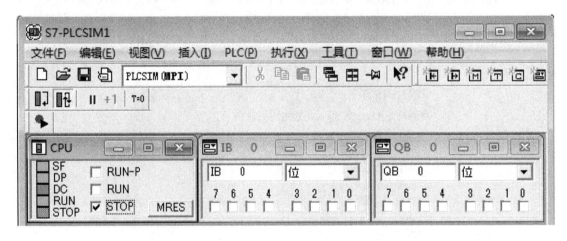

图 1-1-43　PLCSIM 窗口

(2) 下载用户程序和组态信息。单击 S7-PLCSIM 工具栏上的 🇮 和 🇶 按钮，生成输入 IB0 和输出 QB0 的视图对象。可以改变视图对象的字节地址编号，改变后按"Enter"键生效，也可以改变视图对象的显示格式。

选中 SIMATIC Manager 窗口中"jyhl"项目的 SIMATIC 300 站点的"块"对象，单击工具栏的下载按钮 🈴，将 OB1 和系统数据下载到仿真 PLC。下载系统数据时出现"是否要装载系统数据？"对话框，单击"是"按钮确认。不能在"RUN"模式时下载，但可以在"RUN-P"模式时下载。在"RUN-P"模式下载系统数据时，出现"模块将被设为 STOP 模式？"对话框，下载结束后出现"是否现在就要启动该模块？"对话框，二者均单击"是"按钮确认。

(3) 用 PLCSIM 的视图对象调试程序。单击 CPU 视图对象中的小方框，将 CPU 切换到"RUN"或"RUN-P"模式，这两种模式都要执行用户程序，在"RUN-P"模式下可以下载修改后的程序和系统数据。

根据梯形图电路，调试用户程序：单击视图对象 IB0 中的第 1 位复选框，出现"√"，I0.0 变为 1 状态，相当于接通开关。视图对象的 QB0 中的第 1 位出现"√"，表示

QB0 变为 ON，即打开电磁阀 A，当加完 A 料后，再单击一次 I0.0，" √ " 消失，相当于断开开关，QB0 变为 OFF。电磁阀 B、搅拌机、电磁阀 C 的通断与电磁阀 A 的调试方法相同。

(4) 用程序状态监控功能调试程序。仿真 CPU 在 "RUN" 或 "RUN-P" 模式时，打开 OB1，单击工具栏上的 "监视" 按钮 6℃，启动程序状态监控功能。STEP 7 和 PLC 中的 OB1 程序不一致时(下载后改动了程序)，工具栏上的 6℃ 按钮符号为灰色。此时需要单击工具栏上的下载按钮 ▮，重新下载 OB1。STEP 7 和 PLC 中 OB1 的程序一致后，按钮 6℃ 上的符号变为黑色，才能启动程序状态监控功能。

当从梯形图左侧垂直的 "电源" 线开始的水平线均为绿色时，如图 1-1-44 所示，表示有能流从 "电源" 线流出。有能流流过的 "导线"、线圈和处于闭合状态的触点均为绿色。蓝色虚线表示没有能流流过。

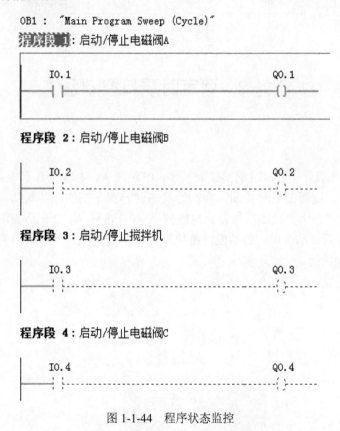

图 1-1-44 程序状态监控

【课后实践】

根据图 1-1-45 的继电器-接触器电路，利用 S7-300/400 PLC 设计其控制电路并调试，要求：画出 I/O 分配表、接线图；写出控制程序(可将所有程序放在组织块 OB1 中，也可将控制程序放在功能块中，在 OB1 中通过调用 FC 实现)；下载到真实 PLC 或进行仿真调试。

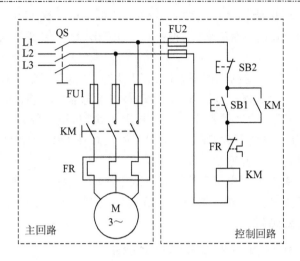

图 1-1-45　实践图

任务 2　可定时混料控制系统

【**任务描述**】

如图 1-2-1 所示为一可定时混料控制系统，电磁阀 A、电磁阀 B 和电磁阀 C 为电磁阀，线圈通电时打开，线圈断电时关闭。在初始状态时容器是空的，各阀门均关闭。每个电磁阀、搅拌器均设置一个"启动"按钮。电磁阀 A 打开进料 A，2 s 后自动关闭；电磁阀 B 打开进料 B，3 s 后自动关闭；启动搅拌机搅拌 10 s 后自动关闭；放料泵启动放出混合后的料 C，5 s 后自动关闭。

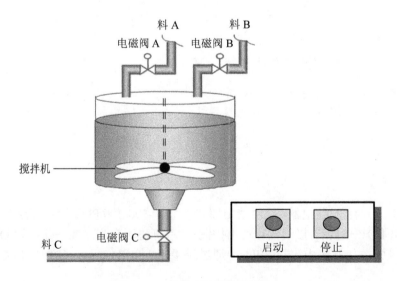

图 1-2-1　可定时混料控制系统

一、S7-300/400 PLC 的存储区及数据类型

(一) S7-300/400 PLC 的 CPU 存储区

S7-300/400 PLC 的 CPU 存储区分为 3 个区域：装载存储区、工作存储区和系统存储区。

1. 装载存储区(Load Memory)

装载存储区用来存放用户程序和附加的系统数据(组态信息、连接及模块参数等)，其可以是 CPU 内部的 RAM，也可以是 FEPROM 卡(MMC 卡)，CPU 31xC 型号及一些新型号的 CPU 只能使用 MMC 卡。

当用户下载程序时，项目中的程序块及数据块被下载到工作存储区，但项目中的注释及符号不能下载，只能保存在编程设备的硬盘中。

2. 工作存储区(Work Memory)

工作存储区是集成在 CPU 内部高速存取的 RAM。CPU 自动把装载存储区的可执行部分复制到工作存储区，在运行用户程序时，CPU 扫描工作存储区的程序和数据，包括组织块、功能块、功能及数据块。

在进行复位存储区操作时，工作存储区的程序和部分数据被清除，而 MMC 卡的程序和数据、MPI 多点接口的参数不会被清除。

如果不想把 CPU 用户程序的部分数据块从装载存储区自动复制到工作存储区，那么可以将其标识为 UNLINKED(与执行无关)，在必要时使用 BLKMOV(SFC20)指令即可将其复制到工作存储区中。

3. 系统存储区(System Memory)

系统存储区为用户运行程序提供了一个存储器集合，该集合分为很多区域，用户程序指令可以直接或间接寻址访问。常用的区域有过程映像输入(I)、过程映像输出(Q)、外设输入(PI)、外设输出(PQ)、位存储器(M)、定时器(T)、计数器(C)、局域数据(L)和步的编号(S)。另外还有累加器(ACC1、ACC2，S7-400 CPU 有 4 个累加器，还包括 ACC3 和 ACC4)、地址寄存器(AR1、AR2)、数据块地址存储器(DB、DI)、状态字寄存器和诊断缓冲区。

用户编程和调试时，有关 CPU 存储区的 3 个区域，对于装载存储区，掌握下载和下载站点信息即可；对于工作存储区，大部分工作都是 CPU 自动进行的，掌握对工作存储区的复位操作即可；对于系统存储区，其相关区域的属性在用户编程中具有重要的作用，需重点掌握。下面详细介绍系统存储区相关区域的属性。

(1) 过程映像输入(I)。

在每个扫描周期的开始进行过程映像输入区的刷新，即 CPU 成批读取输入模块的外部接点的状态(如果有用户强制输入状态，则优先读取强制输入点的状态)并存储在过程映像区中，在运算用户程序阶段，CPU 直接访问过程映像区的状态进行运算，而在运算程序和输出刷新阶段，即使外部输入点的状态改变了也不会影响到本次扫描执行程序的结果。

　　S7-400 CPU 允许用户使用 STEP 7 编程软件定义最多 15 个区域刷新输入映像区，如果有需要，则可以定义某些区域独立于 OB1 的刷新。一般使用 SFC26 系统功能来专门刷新所需过程映像输入的全部或部分区域。有些 CPU 也允许调用除 OB1 外的其他组织块来刷新过程映像输入的区域。

　　过程映像输入(I)的状态有常开点和常闭点，在没有强调输入点状态的情况下，过程映像输入常开点的状态与外部接点的状态一致，常闭点的状态与外部接点的状态刚好相反。过程映像输入的常开点和常闭点在编程时可以不限次数使用。

　　(2) 过程映像输出(Q)。

　　在每个扫描周期的开始需进行模块输出接点的刷新，即 CPU 成批读取输出过程映像输出区的状态并将其传送到模块的输出锁存器中。锁存器的状态直接驱动外部接点(如果有用户强制输出状态，则优先读取强制输出点的状态)。在用户程序阶段，CPU 直接访问过程映像区的状态进行运算，而在运算程序和输出刷新阶段，外部输出接点的状态不会改变(除非使用立刻输出指令)。

　　S7-400 CPU 允许用户使用 STEP 7 编程软件定义最多 15 个区域刷新输出接点的状态，如果有需要，可以定义某些区域独立于 OB1 的刷新。一般使用 SFC27 系统功能来专门刷新所需外部输出的全部或部分区域。有些 CPU 也允许调用除 OB1 外的其他组织块来刷新输出接点的区域。

　　过程映像的 I 和 Q 允许以"位"、"字节"、"字"、"双字"来存取，可以直接或间接访问。

　　(3) 外部 I/O 存储区(PI 和 PQ)。

　　用户对外部输入点和输出点的访问，除通过映像区来访问外，还可以通过外部 I/O 存储区(PI 和 PQ)直接进行访问，但通过外设访问时只能是按照"字节"、"字"和"双字"来存取。由于过程映像区保存在 CPU 中，访问过程映像区比通过外设 I/O 存储区访问的速度要快得多。

　　(4) 位存储区(M)。

　　在用户编程时，位存储区(M)通常用来存储中间结果的状态或其他标志信息。它允许以"位"、"字节"、"字"和"双字"来存取，可以直接或间接访问。

　　位存储区(M)的用途默认分为普通型和保持型，通过 STEP 7 编程软件可以把普通型定义为保持型或把保持型定义为普通型。保持型是指在"STOP"或停电状态下，M 状态保持在"STOP"或停电前的状态，S7-400 依赖于记忆电池来保持，S7-300 完全不依赖记忆电池来保持。普通型是指在"STOP"或停电状态下，再次运行时 M 状态全部被自动复位。

　　(5) 定时器(T)。

　　定时器(T)为区域定时器提供存储区，当计时时钟访问该存储区中的计时单元时，以减法更新计时值。定时器指令访问该存储区时可获得定时器的剩余时间。定时器的用途默认分为普通型和保持型，通过 STEP 7 编程软件可以把普通型定义为保持型或把保持型定义为普通型。

　　(6) 计数器(C)。

　　计数器(C)区域为计数器提供存储区，计数器指令访问该存储区可获得计数器的当前值。

(7) 局域数据(L)。

局域数据(L)是特定块的本地数据，在处理该块时 L 状态临时存储在该块的临时堆栈(L 堆栈)中，当完成处理关闭该块后，其数据不能再被访问。局域数据(L)出现在块中的形式有形式参数、静态参数和临时数据。

(8) 步的编号(S)。

在使用 S7 GRAPH 语言编程时，步的编号(S)用来区分不同的步，当步为活动步时，其状态为"1"；当步不是活动步时，其状态为"0"。

(9) 累加器。

S7-300 CPU 有两个累加器：ACC1 和 ACC2；S7-400 CPU 有四个累加器：ACC1、ACC2、ACC3、ACC4。各个累加器均为 32 位，可以按 "字节"、"字"或"双字"来存储。不管按照"字节"还是"字"来存储，都存放在累加器的低端，即以右端对齐为原则。进行"字节"、"字"或"双字"的数据处理指令绝大部分都是通过累加器来完成的。

(10) 地址寄存器(AR1、AR2)。

S7-300/400 CPU 中有两个地址寄存器：AR1 和 AR2，通过它们可以对其他各个寄存区的寄存器进行寄存器寻址。地址寄存器的内容加上偏移量形成地址指针，地址指针指向的是寄存器单元，存储器单元可以是位、字节、字和双字。

(11) 数据块地址存储器(DB、DI)。

CPU 中的数据块分为共享数据块(DB)和背景数据块(DI)。

共享数据块不能分配给任何一个逻辑块，它包含设备或机器所需要的值，并且可以在程序中的任何位置直接调用。DBX、DBB、DBW 和 DBD 分为表示共享数据块的位、字节、字和双字，对共享数据块可以按位、字节、字和双字存取。

背景数据块直接分配给逻辑块的数据块，如功能块。背景数据块包含存储在变量声明表中的功能块的数据。DIX、DIB、DIW 和 DID 分别表示背景数据块的位、字节、字和双字，对背景数据库可以按位、字节、字或双字存取。

(12) 诊断缓冲区。

在诊断缓冲区中可以查看诊断事件总览以及选中诊断事件的详细信息。诊断事件包括模块的错误、CPU 系统错误、CPU 运行模式切换错误、用户程序错误、写操作错误及用户使用 SFC52 定义的错误等信息。

(13) 状态字寄存器。

状态字寄存器(见图 1-2-2)是 CPU 存储器中的一个 16 位寄存器，只使用了 9 位，即 0～8 位，从低位到高位分别为：首位检测位($\overline{FC}$)；逻辑运算结果(RLO)；状态位(STA)；或位(OR)；溢出位(OV)；溢出状态位(OS)；条件码 0(CC0)和条件码 1(CC1)；二进制结果位(BR)。9～15 位还没有定义。状态字寄存器用于存储 CPU 执行指令后的状态，使用状态位逻辑指令或字逻辑指令可以访问状态字。

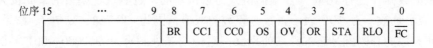

图 1-2-2　状态字寄存器

(二) S7-300/400 的数据类型

STEP 7 有三种数据类型：基本数据类型、由基本数据类型组合而成的复杂数据类型，以及用于传送功能块 FB 和 FC 的参数数据类型。

1. 基本数据类型

1) 位(Bit)

位的数据类型为 BOOL(布尔)型，只有 TRUE/FALSE(真/假)两个取值，对应二进制数的"1"和"0"。

位存储单元的地址由字节地址和位地址组成。如 I1.6 中的"I"表示过程输入映像区域标识符，"1"表示字节地址，"6"表示位地址，这种存取方式称为"字节.位"寻址。

2) 字节(Byte)

字节的数据长度为 8 位，即一个字节由 8 个位组成。如输入字节 IB1 由 I1.0～I1.7 组成，第 0 位为最低位，第 7 位为最高位。字节的数据格式为"B#16#"，其中"B"代表 Byte，表示数据长度为一个字节(8 位)；"#16#"表示十六进制，取值范围为 B#16#00～B#16#FF(十进制 0～255)。

3) 字(Word)和双字(Double Word)

相邻的两个字节组成一个字，相邻两个字组成一个双字。字和字节都是无符号数，均由十六进制来表示。MW100 由 MB100 和 MB101 组成，"M"是区域标识符，"W"表示字，"100"是字的起始字节。双字 MD100 由 MW100 和 MW102(或 MB100～103)组成(见图 1-2-3)，"M"是内部存储器标志位存储区域标识符，"D"表示双字，"100"是双字的起始字节。字的取值范围为 W#16#0000～B#16#FFFF(十进制 0～65536)，双字的取值范围为 DW#16#0000～B#16#FFFF_FFFF (十进制 0～4 294 967 295)。

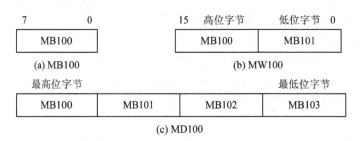

(a) MB100　　　　　　　　　(b) MW100

(c) MD100

图 1-2-3　字节、字和双字

特别提醒：在编程时如果已用到 MD100，再用 MW100 或 MW102 要特别小心，因为 MD100 是由 MW100 和 MW102 组成的。

4) 整数(INT，Integer)

整数的数据长度为 16 位，其数据格式为带符号的十进制数。整数的最高位为符号位，为"1"表示负数，为"0"表示正数。整数的取值范围为 –32 768～32 767。整数用补码来表示，正整数的补码就是它本身，如 +456，对应的二进制码为 2#0000_0001_1100_1000；而将一个正数对应的二进制数的各位求反后加 1，即可得到绝对值与它相同的负整数的补码，如负整数 –456 对应的二进制码为 2#1000_1110_0011_1000。

5) 双整数(DINT，Double Integer)

双整数的数据长度为 32 位，其数据格式为带符号的十进制数，用 L#表示双整数。双整数的最高位为符号位，"1"表示负数，"0"表示正数。双整数的取值范围为 L#−2 147 483 648～2 147 483 647。

6) 浮点数(R，Real)

浮点数的数据长度为 32 位，它可以用来表示小数。ANSI/IEEE 754—1985 标准格式的 32 位实数的格式为 $1.m \times 2^e$，式中的指数 e=E+127(1≤e≤245)，为 8 位正整数。

ANSI/IEEE 标准浮点数的结构如图 1-2-4 所示，共占用一个双字。最高位(第 31 位)为浮点数的符号位，最高位为 0 时表示正数，为 1 时表示负数；8 位指数占 23～30 位；规定尾数的正数部分总是为 1，只保留了尾数的小数部分 m(第 0～22 位)。浮点数的范围为 $\pm 1.175\,495 \times 10^{-38} \sim \pm 3.402\,823 \times 10^{38}$。

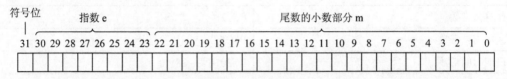

图 1-2-4 浮点数的结构

浮点数的优点是用很小的存储空间(4B)可以表示非常大和非常小的数。PLC 输入和输出的数值大多是整数，如模拟量输入值和模拟量输出值，用浮点数处理这些数据需要进行整数和浮点数之间的相互转换，浮点数的运算速度比整数的运算速度慢一些。

在 STEP 7 中，一般并不使用二进制或十进制格式表示浮点数，而是用十进制小数输入或显示浮点数，如 50 为整数，而 50.0 为浮点数。

7) 常数

常数可以是字节、字或双字，CPU 以二进制方式存储常数。在 STEP 7 中，常数也可以用十进制、十六进制、浮点数等格式来输入或显示。常用的常数如表 1-2-1 所示。

表 1-2-1 常用的常数

常用的常数		举　例
二进制常数	8 位	2#10100011
	16 位	2#1010000011000011
	32 位	2#10001100001100100010011111101111
十六进制常数	8 位	16#BF
	16 位	16#2F12
	32 位	16#43CAAB78
十进制常数	8 位	255
	16 位	−3200
	32 位	−45 67 975　L#−4 56 678
浮点数		−3.141 592 7
字符串常数		"Xi Meng Zi PLC"

常用的常数		举　例
时间值常数	W#16#wxyz w=时间基准(即时间间隔或分辨率) xyz=以二进制编码表示的时间值	16#2 127
	S5T#aH_bM_cS_dMS H=小时，M=分钟，S=秒，MS=毫秒 a、b、c、d 由用户定义的时间值	S5T#1H12M30S
	时间基准是自动选择的，数值会根据时间基准四舍五入到下一个较低数	
计算值常数		C#12
区域指针常数		P#Q5.0
日期时间常数		D#2016-1-28
实时时间常数		TOD#3：26：46.200
2 字节无符号常数		B#(125，33)
4 字节无符号常数		B#(88,43,66,68)

2. 复合数据类型

由基本数据类型组合而成的数据长度超过 32 位的数据类型称为复合数据类型。STEP 7 中定义了 4 种复合数据类型：数组(ARRAY)、结构(STRUCT)、字符串(STRING)以及日期和时间(DATE_AND_TIME)。

通过将基本数据组合成复合数据，可以使复合数据在块调用中作为一个参数被传递，使得信息在主调用块和被调用块中快速传递。这种方式符合结构化程序的思想，同时也保证了已编程序的高度可重复性和稳定性。

数组(ARRAY)：将一组同类型的数据组合在一起形成的一个单元。

结构(STRUCT)：将一组不同类型的数据组合在一起形成的一个单元。

字符串(STRING)：最多包含 254 个字符的一维数组。

日期和时间(DATE_AND_TIME)：用于存储年、月、日、时、分、秒、毫秒和星期，占 8 个字节，用 BCD 码格式保存。星期日的代码为 1，星期一至星期六的代码为 2~7。如：DT#2006-06-16-12：36：15.200 为 2006 年 6 月 16 日 12 时 36 分 15.2 秒。

3. 参数数据类型

参数数据类型是为逻辑块之间传递参数的形参(Formal Parameter，形式参数)而定义的数据类型，具体包括以下几种：

定时器(TIMER)和计数器(COUNTER)：指定执行逻辑块时所使用的定时器和计数器对应的实参(Actual Parameter，实际参数)，应为定时器或计数器的编号，如 T3、C20。

块(BLOCK)：指定一个块用作输入和输出。参数声明决定了使用的块的类型，如 FB、FC 等。块参数类型的实参应为同类型的块的绝对地址编号(例如 FB1)或符号名(例如

Motor)。

6 字节指针(POINTER)：指向一个变量的地址，即使用地址作为参数。若将 POINTER 定义为形参，则对应的实参必须为一个地址，可以是一个简单的地址，也可以是指针格式指向地址的起始处。

10 字节指针(ANY)：当实参为未知的数据类型或任意数据类型时，选择"ANY"类型。ANY 可以将各种类型的数据通过参数传递给 FC 和 FB，提高了程序的灵活性，便于实现更通用的控制功能。

二、S7-300/400 指令概述

标准 STEP 7 软件包提供的编程语言有梯形图(LAD)、功能图块(FBD)以及指令表(STL)。如需要可按选项软件包购买其他的编程语言，即可选择多种不同的编程方法(梯形图、功能块图、指令表、标准语言、顺序控制或状态图)，并选择是使用基于文本的编程语言，还是图形编程语言。选择其中一种编程语言以确定输入模式。

在 SIMATIC Manager 窗口中双击相应的对象(块、源文件等)，或者选择菜单命令→打开对象或单击相应的工具栏按钮，都可以启动合适的语言编辑器。各种编程语言的特点如表 1-2-2 所示。

表 1-2-2　编程语言的特点

编程语言	符合使用者	应用场合
梯形图 LAD	习惯于使用电路图进行工作的用户	编写逻辑控制程序
指令表 STL	偏好使用类似机器码语言进行编程的用户	程序将根据运行时间和存储器要求进行优化
功能块图 FBD	熟悉布尔代数逻辑框的用户	编写逻辑控制程序
F-LAD、F-FBD 选项包	熟悉编程语言 LAD 和 FDB 的用户	编写 F 系统的安全程序
SCL(结构控制语言)选项包)	使用过高级语言，如 PASCAL 或 C 语言进行编程的用户	编写数据处理任务
S7-GRAPH 选项包	面向技术功能进行工作且不具备丰富编程/PLC 知识的用户	顺序控制的简便描述
HiGraph 选项包	面向技术功能进行工作且不具备丰富编程/PLC 知识的用户	异步、非顺序控制的简便描述
CFC 选项包	面向技术功能进行工作且不具备丰富编程/PLC 知识的用户	连续过程的描述

1. 使用梯形图编程需要遵循的原则

一个梯形图程序可由多个分支中的许多元素组成。所有的元素和分支必须进行连接，梯形图的左母线不算作连接(IEC1131-3)。使用梯形图编程时必须遵循以下原则，如果输入

错误将会自动弹出消息说明产生的错误。

(1) 每个梯形图程序段都必须使用线圈或逻辑方框来关闭。不能使用下列梯形图元素来关闭程序段：

① 比较指令框；

② 中间变量输出_ /(#)_ /；

③ 用于上升沿_/(P) _/或下降沿_ /(N) _ /计算的线圈。

(2) 用于逻辑框连接的分支起始点必须始终为左电源线。逻辑操作或其他逻辑框可出现在逻辑框前面的分支中。

(3) 线圈将自动定位在程序段的右边沿，它们构成了分支的末端。有些线圈既不能放置在分支的最左边，也不能放置在分支的最右边，如用于中间变量输出_ /(#)_ /及上升沿_ /(P) _ /或下降沿_ /(N) _ /计算的线圈。

① 需要布尔型逻辑操作的线圈：

· 输出_/( )、置位输出_/ (S)、复位输出_/(R)；

· 中间变量输出_ /(#)_ /、上升沿_ /(P) _ /、下降沿_/(N) _ /；

· 所有的计数器和定时器线圈；

· 如果为非(NOT)，则跳转_ /(JMPN)；

· 主控制继电器接通_ /(MCR<)；

· 将 RLO 保存到 BR 存储器_ /(SAVE)；

· 返回_ /(RET)。

② 不允许带布尔型逻辑操作的线圈：

· 主控继电器激活_ /(MCRA)；

· 主控制继电器取消激活_ /(MCRD)；

· 打开数据库_ /(OPN)；

· 主控继电器断开_ /(MCR＞)。

其他所有线圈既可以带布尔性逻辑操作，也可以不带。

③ 下列线圈不能用作并行输出：

· 如果为非(NOT)，则跳转_ /(JMPN)；

· 跳转_ /(JMP)；

· 来自线圈的调用_ /(CALL)；

· 返回_ /(RET)。

(4) 逻辑框的使能输入"EN"与使能输出"ENO"可进行连接，但这并非强制性要求，根据需要选用。

(5) 如果一个分支仅由一个元素组成，则删除了该元素后，整个分支也将被删除。当删除一个逻辑框时，与逻辑框的布尔型输入相连接的所有分支，除了主分支以外，都将被删除。改写模式可以用来只改写同一类型的元素。

(6) 并行分支：

① 从左到右画出 OR 分支；

② 并行分支向下打开，向上关闭；

③ 并行分支总是在所选梯形元素之后打开；

④ 并行分支总是在所选梯形元素后关闭;

⑤ 为删除一个并行分支,可删除分支中的所有元素。当删除了分支中的最后一个元素时,该分支被自动删除。

2. 常用梯形图指令

S7-300/400 常用的梯形图指令有位逻辑(包括触点、输出、比较及状态位指令)、定时器、计数器、数据处理指令(包括数据传送、转换、算术运算、循环移位及字逻辑指令)、程序控制指令(包括跳转、程序循环、主控、逻辑块调用及数据块指令)。

三、定时器指令

1. 定时器的种类和存储区

定时器相当于继电器电路中的时间继电器,但计时功能更加丰富。在 STEP 7 指令中有五种不同形式的定时器,适用于不同的程序控制中,分别为脉冲 S5 定时器(SP)、扩展脉冲 S5 定时器(SE)、接通延时 S5 定时器(SD)、保持型接通延时 S5 定时器(SS)和断开延时 S5 定时器(SF)。

S7-300/400 CPU 为定时器保留了一片存储区域。每个定时器有一个 16 位的字和一个二进制位,定时器的字用来存放它的剩余时间值,位的状态用来决定定时器触点的状态。定时器地址(T 和定时号,如 T8)用来访问时间值和定时器位,带位操作数的指令用来访问定时器位,带字操作数的指令用来访问时间值。S7-300 的定时器个数(128~2048 个)与 CPU 的型号有关,S7-400 的 CPU 有 2048 个定时器。

2. 定时器字的表示方法

用户使用的定时器字由 3 位 BCD 码时间值(0~999)和时间基准组成(见图 1-2-5)。定时器字的第 12 位和第 13 位用来作时间基准,二进制数 00、01、10、11 对应的时间基准分为 10 ms、100 ms、1 s 和 10 s。实际的定时时间等于时间值乘以时间基准值。如定时器字为 W#16#2127 时,时间基准为 1 s,定时时间为 127×1=127 s。时间基准越小,分辨率越高,可定时的时间越短;时间基准越大,分辨率越低,可定时的时间越长。可定时的最大时间值为 9990 s。

图 1-2-5　定时器字

3. 定时器预置值的表示方法

在梯形图中使用"S5T#aHbMcSdMS"格式表示时间值,a、b、c、d 分别是小时、分、秒和毫秒的值。也可以以秒为输入单位,例如输入时间预置值 S5T#100S 后按回车键,将自动转换为 S5T#1M40S。

4. 定时器功能指令

1) 脉冲定时器 S_PULSE

当脉冲定时器 S_PULSE 的启动输入端出现一个上升沿时，将启动定时器。定时器在输入端 S 的信号状态为 "1" 时运行，最长周期是由输入端 TV 指定的时间值。只要定时器运行，输入端 Q 的信号状态就为 "1"。如果在时间间隔结束前，输入端 S 从 "1" 变为 "0"，则定时器将停止。这种情况下，输出端 Q 的信号状态为 "0"。

如果在定时器运行期间定时器复位(R)输入从 "0" 变为 "1"，定时器将会被复位，当前时间和时间基准均被设置为零。

可以在输出端 BI 和 BCD 扫描当前时间值。时间值在 BI 端是二进制编码，在 BCD 端是 BCD 编码。当前时间值为初始 TV 值减去定时器启动后经过的时间。

脉冲定时器 S_PULSE 的梯形图与时序图如图 1-2-6 所示。如果 I2.1 提供的启动信号 S 端有一个上升沿，将启动定时器，定时器输出 Q2.1 变为 "1"。定时时间 2 s 到，输出 Q2.1 变为 "0"。定时期间，如果启动信号 S 端的信号条变为 "0"，则停止计时，定时器的当前时间值清零，输出 Q2.1 后断电。在任何时候，只要复位信号 R 的信号由 "0" 变为 "1"，定时器就会被复位，即当前时间值清零，输出 Q2.1 后断电。

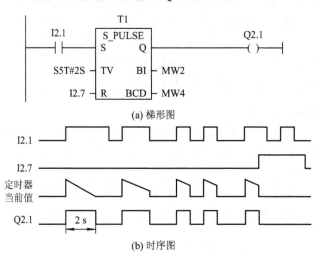

图 1-2-6　脉冲定时器 S_PULSE 梯形图和时序图

2) 扩展脉冲定时器 S_PEXT

当扩展脉冲定时器 S_PEXT 的启动输入端(S)出现一个上升沿时，将启动定时器，定时器以输入端 TV 指定的预设时间间隔运行。只要定时器运行，输出端 Q 的信号状态就为 "1"。如果在定时器运行期间输入端 S 的信号状态从 "0" 变为 "1"，则使用预设的时间值重新启动定时器。

如果在定时器运行期间复位(R)输入从 "0" 变为 "1"，则定时器复位，当前时间和时间基准均被设置为零。

可以在输入端 BI 和 BCD 上扫描当前时间值。时间值在 BI 处为二进制编码，在 BCD 处为 BCD 编码。当前时间值为初始 TV 值减去定时器启动后经过的时间。扩展脉冲定时器 S_PEXT 的梯形图和时序图如图 1-2-7 所示。

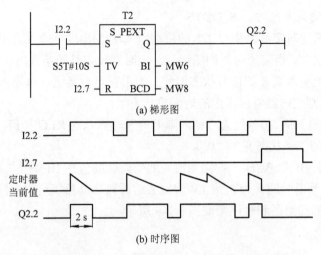

(b) 时序图

图 1-2-7　扩展脉冲定时器 S_PEXT 的梯形图和时序图

3) 接通延时定时器 S_ODT

当接通延时定时器 S_ODT 的启动输入端(S)出现一个上升沿时，将启动定时器。只要输入端 S 的信号状态为"1"，定时器就以在输入端 TV 指定的时间间隔运行。定时器到达指时时间而没有出错，并且 S 输入端的信号状态仍为"1"时，输出端 Q 的信号状态为"1"。如果在定时器运行期间输入端 S 的信号状态从"1"变为"0"，定时器将停止。这样的情况下，输出端 Q 的信号状态为"0"。

如果在定时器运行期间复位(R)输入从"0"变为"1"，则定时器复位，当前时间和时间基准均被设置为零。然后，输出端 Q 的信号状态变为"0"。如果在定时器没有运行时 R 输入端出现一个逻辑"1"，并且输入端 S 的 RLO 为"1"，则定时器也复位。

可以在输出端 BI 和 BCD 上扫描当前时间值。时间值在 BI 处为二进制编码，在 BCD 处为 BCD 编码。当前时间值为初始 TV 值减去定时启动器启动后经过的时间。接通延时定时器 S_ODT 的梯形图和时序图如图 1-2-8 所示。

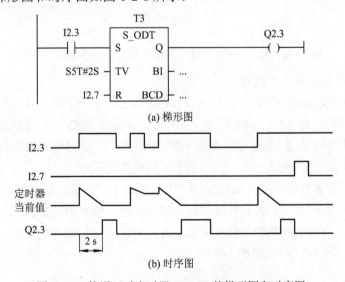

(b) 时序图

图 1-2-8　接通延时定时器 S_ODT 的梯形图和时序图

4) 保持型接通延时定时器 S_ODTS

当保持型接通延时定时器 S_ODTS 的启动输入端(S)出现一个上升沿时,将启动定时器,定时器以在输入端 TV 指定的时间间隔运行。定时器预定时间结束时, 输出端 Q 的信号状态为 “1”,而无论输入端 S 的信号状态如何。如果在定时器运行时输入端 S 的信号状态从 “0” 变为 “1”,则定时器将以指定的时间重新启动。

如果复位(R)输入从 “0” 变为 “1”,则无论 S 输入端的 RLO 如何, 定时器都将复位。然后,输出端 Q 的信号状态变为 “0”。

可以在输出端 BI 和 BCD 上扫描当前时间值。时间值在 BI 端是二进制编码,在 BCD 端是 BCD 编码。当前时间值为初始 TV 值减去定时器启动后经过的时间。保持型接通延时定时器 S_ODTS 的梯形图和时序图如图 1-2-9 所示。

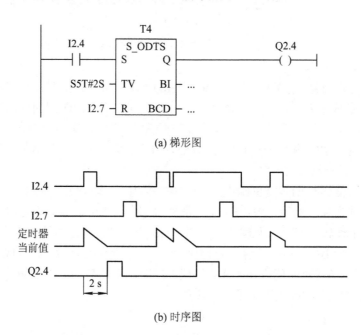

图 1-2-9　保持型接通延时定时器 S_ODTS 的梯形图和时序图

5) 关断延时定时器 S_OFFDT

当关断延时定时器 S_OFFDT 的启动输入端(S)出现一个下降沿时, 将启动定时器。如果输入端的信号状态为 “1”,或定时器正在运行,则输出端 Q 的信号状态为 “1”。如果在定时器运行期间输入端 S 的信号状态从 “0” 变为 “1”,定时器将复位。只有当输入端 S 的信号状态再次从 “1” 变为 “0” 后,定时器才能重新启动。

如果在定时器运行期间复位(R)输入从 “0” 变为 “1”,定时器将复位。

可以在输出端 BI 和 BCD 上扫描当前时间值。时间值在 BI 端是二进制编码,在 BCD 端是 BCD 编码。当前时间值为初始 TV 值减去定时器启动后经过的时间。关断延时定时器 S_OFFDT 的梯形图与时序图如图 1-2-10 所示。

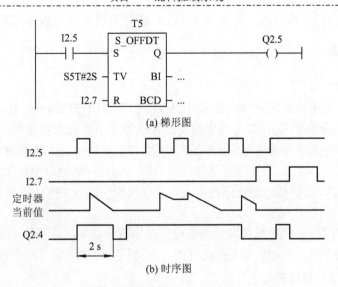

(a) 梯形图

(b) 时序图

图 1-2-10 关断延时定时器 S_OFFDT 的梯形图和时序图

5. 定时器线圈指令

定时器线圈指令与前面所学的方框指令的功能、输入/输出位地址、时序图相同，仿真步骤也完全相同。

图 1-2-11 所示为脉冲定时器线圈指令。

程序段 1：脉冲定时器线圈

```
      I2.6                                    T6
    --| |--                                  (SP)
                                            S5T#2S
```

程序段 2：标题：

```
      T6                                     Q2.5
    --| |--                                  ( )
```

程序段 3：标题：

```
      I2.7                                    T6
    --| |--                                   (R)
```

图 1-2-11 脉冲定时器线圈指令

如果输入端 I2.6 的信号状态从"0"变为"1"(RLO 中的上升沿)，则定时器 T6 启动。只要输入端 I2.6 的信号状态为"1"，定时器就继续运行指定的 2 s 时间。如果在指定的时间结束前输入端 I2.6 的信号状态从"1"变为"0"，则定时器停止。

只要定时器运行，输出端 Q2.5 的信号状态就为 1。如果输入端 I2.7 的信号状态从"0"

变为"1"，定时器 T6 将复位，定时器停止，并将时间值的剩余部分清零。

四、符号表

1. 符号地址

在程序中可以用绝对地址(如 I0.0)访问变量，但是使用符号地址可使程序更容易阅读和理解。共享符号(全局符号)在符号表中定义，可供程序中所有的块使用。

在符号表中定义了符号地址后，STEP 7 可以自动将绝对地址转换为符号地址。例如在混料系统的控制中，Q2.0 用于控制搅拌机的启动，则可以将绝对地址 Q2.0 定义成符号地址"搅拌机启动"，以后在一定范围内，用户可以用符合地址"搅拌机启动"来代替绝对地址 Q2.0。

在编写程序时可以使用绝对地址，也可以使用符号地址。在 I/O 点不多时，使用绝对地址进行编程很方便。但如果 I/O 点比较多，则使用符号地址编写程序会更得心应手。

2. 共享符号与局部符号

1) 共享符号

共享符号在符号表中定义，它可以被所有的块使用，在所有块中的状态都是一样的。在整个用户程序中，同一个共享符号只能定义一次。可以被定义为共享符号的变量有 I、Q、PI、PQ、M、T、C、DB、FC、FB、SFC、SFB 和 UDT。定义共享符号时，可以使用字母、数值、特殊字符或汉字。在程序中，共享符号自动加上双引号" "。

2) 局域符号

局域符号在逻辑块的变量声明表中定义，只在定义它的块中有效，同一个符号名可以在不同的块中用于不同的局部变量。局域符号可以使用字母、数字和下划线，第一个字符必须为字母或下划线，最后一个字符不能是下划线，禁止出现两个连续的下划线。在其所属的块程序中局域符号前自动加上#号。

【任务实施】

一、I/O 分配表

根据任务分析，对输入、输出量进行分配，如表 1-2-3 所示。

表 1-2-3　I/O 地址分配表

输　　入			输　　出		
元件	地址	说明	符号	元件	说明
SB1	I0.1	控制电磁阀 A 按钮	KY1	Q4.1	电磁阀 A
SB2	I0.2	控制电磁阀 B 按钮	KY2	Q4.2	电磁阀 B
SB3	I0.3	控制搅拌机按钮	KA1	Q4.3	搅拌机运行
SB4	I0.4	控制电磁阀 C 按钮	KY3	Q4.4	电磁阀 C

二、PLC 端子接线图

选择西门子 CPU 314C-2 DP，订货号为 6ES7314-6CG03-0AB0，带有 MPI、24 数字量

输入/16 数字量输出、5 模拟量输入/2 模拟量输出，其硬件接线图如图 1-2-12 所示。

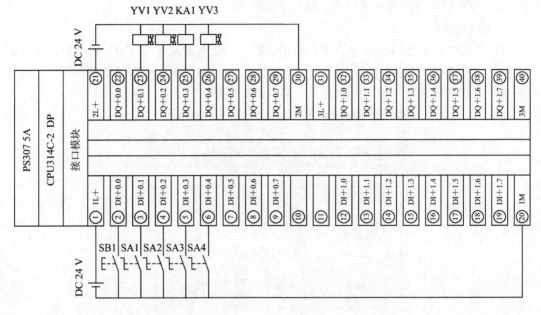

图 1-2-12　接线图

三、创建项目与硬件组态

1. 创建项目

(1) 在 SIMATIC 管理器中执行菜单命令"文件"→"新建"，在出现的"新建项目"对话框中(见图 1-2-13)，可以创建一个用户项目、库或多重化项目。多重化项目包含多个站，可以由多人编写程序，最后合并为一个项目。

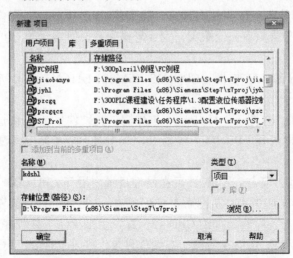

图 1-2-13　"新建项目"对话框

(2) 在"命名"文本框中输入新项目的名称，"存储位置(路径)"文本框中是默认的保存新项目的文件夹。单击"浏览"按钮，可以修改保存新项目的文件夹。单击"确定"按钮后返回 SIMATIC Manager 窗口，生成一个空的新项目。

2. 硬件组态

(1) 在 SIMATIC Manager 窗口中，单击右键→"插入新对象"，选择 SIMATIC 300 站点，单击"SIMATIC 300 站点"(见图 1-2-14)，右边弹出硬件🖳，双击🖳硬件符号，将自动弹出硬件组态窗口，在该窗口放置主机架和扩展机架。

图 1-2-14　插入站点

(2) 单击项目窗口中"SIMATIC 300"文件夹左边的田，打开该文件夹，其中 CP 是通信处理器，FM 是功能模块，IM 是接口模块，PS 是电源模块，RACK 是机架，SM 是信号模块。单击某文件夹左边的曰，将关闭该文件夹。

(3) 单击"RACK-300"左边的 ➕，双击"Rail"，在左边的窗口上出现组态表，用来表示机架或导轨，可以用鼠标将右边硬件目录窗口中的模块放置到组态表的某一行，就如将真正的模块插入机架的某个槽位一样。

S7-300 的电源模块必须放在 1 号槽，2 号槽是 CPU 模块，3 号槽是接口模块，4～11号槽放置其他模块。如果只有一个机架，则 3 号槽空置，但实际的 CPU 模块和 4 号槽模块紧挨着。

本任务中选用 PS 307 2A 电源、CPU 313、SM321 DI16×DC24V 输入及 SM322 DO16×Rely 输出模块。

① 插入电源模块。在图 1-2-15 中选中 1 号槽，在硬件目录内单击 SIMATIC 300 左边的田符号展开目录，再展开"PS-300"子目录，双击▍ PS 307 2A 图标插入电源模块。1 号槽位只能放电源模块。

② 插入 CPU 模块。选中 2 号槽，然后在硬件目录内展开 CPU-300 子目录下的 CPU 313子目录，双击▍ 6ES7 313-1AD00-0AB0 图标插入 CPU 模块。2 号槽位只能放置 CPU 模块，且 CPU 的型号及订货号必须与实际所选择的 CPU 相一致，否则无法下载程序及硬件配置。

③ 插入数字量模块。选中 4 号槽，在硬件目录内展开 PS-300"子目录下的"DI-300"子目录，双击▍ SM 321 DI16xDC24V 图标，插入数字量输入模块。在"DO-300"子目录中，双击▍ SM 322 DO16xRel. AC120V 图标插入数字量输出模块。其订货号与实际所选择的数字量输入、输出模块要一致。

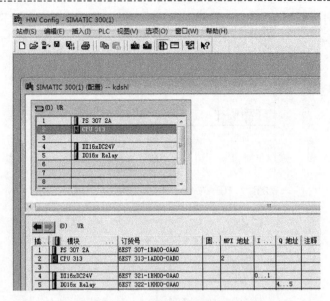

图 1-2-15 配置 S7-300 硬件模块

3．编译和保存组态信息

硬件组态结束后，单击"HW Congfig"硬件组态窗口中的"站点"→"一致性检查(H)"，可以检查硬件配置是否存在组态错误，如果没有出现组态错误，则单击保存和编译按钮。选中 SIMATIC Manager 窗口 S7 程序下面的"块"，在右边窗口中可以看到编译后生成的"系统数据"，这是硬件组态信息和网络组态信息。

4．编辑符号表

用符号表定义的符号可供所有的逻辑块使用。选中 SMATIC Manager 左边窗口的"S7 程序"，双击右边窗口出现的"符号"，打开符号编辑器(见图 1-2-16)，OB1 的符号是自动生成的。在下面的空白行输入符号"按钮 SB1"和地址 I0.1，其数据类型 BOOL(二进制的位)是自动添加的。此外，还可以为符号输入注释。

	状态	符号 /	地址		数据类型	注释
1		按钮SB1	I	0.1	BOOL	
2		按钮SB2	I	0.2	BOOL	
3		按钮SB3	I	0.3	BOOL	
4		按钮SB4	I	0.4	BOOL	
5		电磁阀A	Q	4.1	BOOL	
6		电磁阀B	Q	4.2	BOOL	
7		搅拌机	Q	4.3	BOOL	
8		电磁阀C	Q	4.4	BOOL	

图 1-2-16 符号表

单击某一列的表头，可以改变排序的方法。例如单击"地址"所在的单元，该单元出现向上的三角形，表中的各行按地址升序排列(从地址的第 1 个字母 A 到 Z 是顺序排列)；再单击一次"地址"所在的单元，该单元出现向下的三角形，表中的各行按地址降序排列。

四、编写程序

本任务程序较为简单，选择 5 种定时器之一实现，可以用方框指令也可以用线圈指令。

下面选择接通延时定时器的方框指令实现可定时混料系统控制程序，见图 1-2-17。

程序段 1：打开电磁阀A，2s后自动关闭。

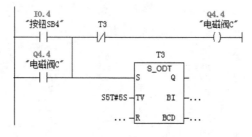

程序段 2：打开电磁阀B，3s后自动关闭。

程序段 3：打开搅拌机，10s后自动关闭。

程序段4：打开电磁阀C，5s后自动关闭

图 1-2-17　可定时混料系统控制程序

五、下载调试

在完成可定时混料控制系统的主电路和控制电路的接线以后，还需将 PLC 系统硬件信息及控制程序下载到 PLC 中，才能对系统进行调试。编程设备和 PLC 之间通信设置、下载已在任务一中介绍，这里只介绍用 PLCSIM 调试程序。

(1) 在 SIMATIC Manager 窗口内单击"仿真"图标启动仿真工具 PLCSIM，将 OB1 和系统数据下载到仿真 PLC，将仿真 PLC 切换到"RUN"或"RUN-P"模式。

(2) 打开 OB1，单击工具栏上的 66° 按钮，启动程序状态监控功能。

(3) 单击两次 PLCSIM 中 I0.1 对应的小方框，方框中的"√"出现又消失，以此来模拟按下和松开启动按钮。PLCSIM 中 Q4.1 对应的小方框打"√"，梯形图中的 Q4.1 线圈通电，2 s 后 Q4.1 对应的小方框"√"消失，梯形图中的 Q4.1 线圈失电。

(4) 依次模拟启动按钮 SB2、SB3、SB4，观察 PLCSIM 中和梯形图中对应的线圈，看是否实现功能。

【课后实践】

请选用合适的定时器编写以下控制程序。

1. 合上开关 SA，指示灯 HL 亮 1 min 2 s 后自动熄灭。

2. 按下启动按钮 SB1，电动机 M 立即启动，延时 1 min 以后自动关闭。启动后按下停止按钮 S2，电动机立即停机。

3. 当按钮 SA1 按下时，输出指示灯 H1，1 s 后亮。

4. 按下按钮 SB1，指示灯 HL1 经 2 s 后亮；按下按钮 SB2，HL1 熄灭。

5. 合上开关 SA，HL1 和 HL2 亮，断开 SA，HL1 立即熄灭，过 2 s 后 HL2 自动熄灭。

任务 3　配置液位传感器的混料控制系统

【任务描述】

图 1-3-1 所示为一配置液位传感器的混料控制系统，按下启动开关后，首先打开电磁阀 A，开始加入液料 A→中液位传感器动作后，则关闭进电磁阀 A，打开进电磁阀 B，开始加入液料 B→高液位传感器动作后，关闭进电磁阀 B，启动搅拌机→搅拌 10 s 后，关闭搅拌机，开启电磁阀 C→当低液位传感器动作后，延时 5 s 后关闭电磁阀 C。按停止按钮，停止运行。

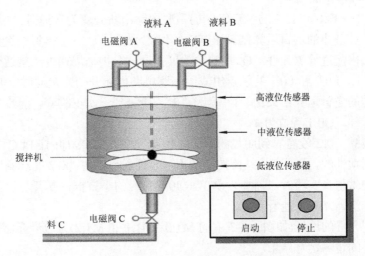

图 1-3-1　配置液位传感器的混料控制系统

【知识导航】

一、置位、复位指令

置位(Set，S)指令用于将指定的位地址置位(变为"1"状态并保持)。图 1-3-2 中 M0.1 的常开触点接通时，Q0.1 变为"1"状态并保持该状态，即使 M0.1 的常开触点断开，它仍然保持"1"状态。

复位(Reset，R)指令将指定的位地址复位(变为"0"状态并保持)。图 1-3-2 中 M0.2 的常开触点闭合时，Q0.2 变为"0"状态并保持该状态，即使 M0.2 的常开触点断开，它仍然保持"0"状态。

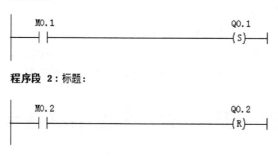

图 1-3-2　置位、复位指令

二、边沿检测指令

边沿检测指令用来检测 RLO 或地址信号的上升沿(信号由"0"变为"1")和下降沿(信号由"1"变为"0")的变化。STEP 7 中边沿检测指令包括两类指令：RLO 边沿检测和地址边沿检测指令，前者是对 RLO 进行检测，后者是对地址位的信号进行检测。

1. RLO 边沿检测指令

图 1-3-3 中，I0.6 和 I0.7 的触点组成的串联电路由断开变为接通时，中间标有"P"的上升沿检测元件左边的逻辑运算结果(RLO)由"0"变为"1"，检测到一次正跳变。能流只在该扫描周期内流过检测元件，Q0.2 的线圈仅在这一个扫描周期内"接通"。

图 1-3-3 中，I0.0 和 I0.1 的触点组成的串联电路由断开变为接通时，中间标有"P"的检测元件左边的逻辑运算结果由"1"变为"0"，检测到一次正跳变，能流只在该扫描周期内流过检测元件，Q0.1 置位为 1。

为什么线圈 Q0.2 没有看到明显的现象？因脉冲宽度太窄，并且 PLC 与计算机之间的数据传送是周期性的，用程序状态监控功能不一定能看到流过 Q0.2 的线圈和触点的能流的快速闪动。在做仿真实验时，需要多次单击 I0.6 对应的小方框，断开然后接通流进上升沿检测元件的能流，才有可能看到它。

边沿检测元件的地址(如图 1-3-3 中的 M1.0、M1.1 和 M1.2)为边沿存储位，用来存储上一次扫描循环的逻辑运算结果。

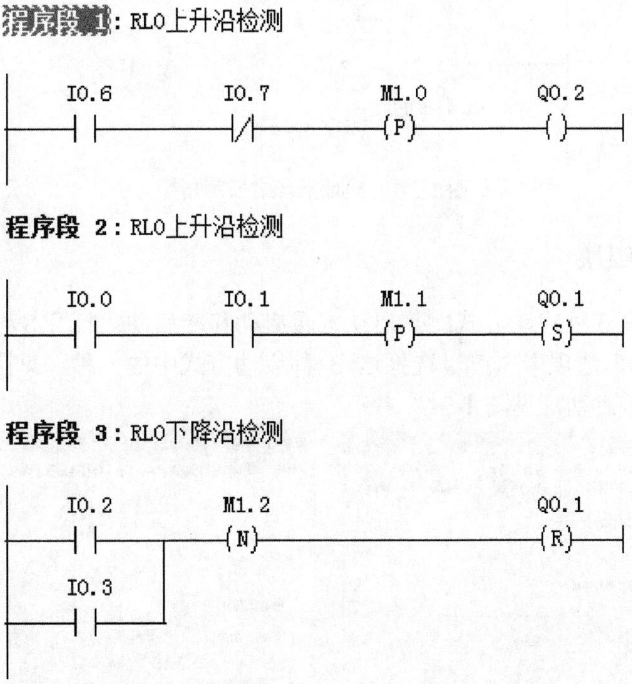

程序段 1：RLO上升沿检测

```
    I0.6        I0.7        M1.0        Q0.2
────┤├──────────┤/├────────┤P├─────────( )──────
```

程序段 2：RLO上升沿检测

```
    I0.0        I0.1        M1.1        Q0.1
────┤├──────────┤├──────────┤P├─────────(S)──────
```

程序段 3：RLO下降沿检测

```
    I0.2        M1.2                    Q0.1
────┤├───┬──────┤N├──────────────────────(R)──────
         │
    I0.3 │
────┤├───┘
```

图 1-3-3　RLO 边沿检测指令

图 1-3-3 中 I0.2 和 I0.3 的触点组成的并联电路由接通变为断开时，中间标有"N"的检测元件左边的逻辑运算结果由"1"变为"0"，检测到一次负跳变，能流只在该扫描周期内流过检测元件，Q0.1 复位为 0。

2. 地址边沿检测指令

POS 是单个地址位信号的上升沿检测指令，相当于一个常开触点。图 1-3-4 中的 I1.0 由"0"状态变为"1"状态(即 I 1.0 的上升沿)时，POS 指令等效的常开触点闭合，其 Q 输出端在一个扫描周期内有能流输出，Q0.3 被置位为"1"。M1.3 为边沿存储位，用来存储上一次扫描循环时 I1.0 的状态。

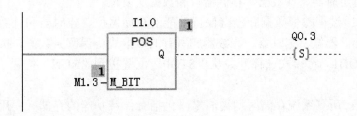

图 1-3-4　地址上升沿检测指令

NEG 是单个地址位信号的下降沿检测指令，相当于一个常开触点。图 1-3-5 中的 I 1.1 由"1"状态变为"0"状态(即输入信号 I1.1 的下降沿)时，NEG 指令等效的常开触点闭合，Q 输出端在一个扫描周期内有能流输出，Q0.3 被复位为"0"状态。M1.4 为边沿存储位。

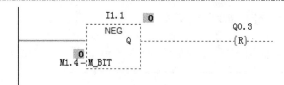

图 1-3-5　地址下降沿检测指令

三、启动组织块

S7-400 CPU 有 3 种启动方式：热启动、暖启动和冷启动。打开 S7-400 CPU 模块的属性对话框的"启动"选项卡，可以选择这 3 种启动方式中的一种，见图 1-3-6。绝大多数 S7-300 CPU 只有暖启动，见图 1-3-7。

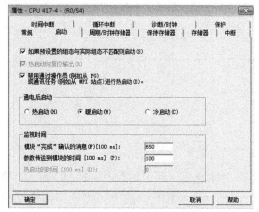

图 1-3-6　S7-400 CPU 启动方式

图 1-3-7　S7-300 CPU 启动方式

启动组织块 OB100～OB102 用于系统初始化。CPU 上电或由"STEP"模式切换到"RUN"模式时，首先执行一次启动组织块。用户可以在启动组织块中编写初始化程序，例如设置开始运行时某些变量的初始值和输出模块的初始值等。

(1) 热启动：如果 S7-400 PLC 在"RUN"模式时电源突然丢失，在设置的时间之内又重新上电，将执行 OB101，自动完成热启动；从上次"RUN"模式结束时程序被中断之处继续执行，不对定时器、计数器、存储器位和数据块复位。

(2) 暖启动：过程映像数据和没有保持功能的存储器位、定时器和计数器被复位。具有保持功能的存储器位、定时器、计数器和所有的数据块将保留原数值。执行一次 OB100 后，循环执行 OB1。将模式选择开关从"STOP"位置拨到"RUN"位置，执行一次手动暖启动。

(3) 冷启动：所有系统存储区均被清零，包括有保持功能的存储区；用户程序从装载存储器载入工作存储器，调用 OB102 后，循环执行 OB1。

将模式选择开关拨到"MRES"位置，可以实现手动冷启动。

四、功能 FC

1. 功能 FC 介绍

功能 FC 分为无参功能 FC 和有参功能 FC 两种。无参功能 FC 是指在编辑功能时，局部变量声明表不进行形式参数的定义,在功能 FC 中直接使用绝对地址完成控制程序的编程,每个功能 FC 实现整个控制任务的一部分,不重复调用。

有参功能 FC 是指编辑功能 FC 时,局部变量声明表内定义了形式参数,在功能 FC 中使用了虚拟的符号地址完成控制程序的编写,以便在其他块中能重复调用有参功能 FC。

2. 无参功能 FC

关于无参功能 FC,在任务 1.1 中已有应用,现以一例子再次介绍其生成与编辑。某立体仓库有货物传送电机 M1 和托盘传送电机 M2,要求这两台电机均可正反转运行,我们把货物传动电机 M1 正反转程序放在 FC1,托盘传送电机 M2 的程序放在 FC2。

1) 生成功能

用新建项目向导生成名为“无参功能 FC”的项目:CPU 313C。执行 SIMATIC Manager 窗口的菜单命令“插入”→“功能”,在出现的“属性”对话框中,默认的名称为 FC1,设置“创建语言”为 LAD(梯形图)。单击“确定”按钮后,在 SIMATIC Manager 右边窗口中出现 FC1。

2) 编写功能 FC 中的程序

(1) 双击打开 FC1,编写货物传送电机正反转程序后保存,见图 1-3-8。

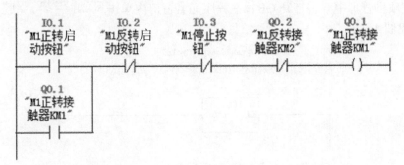

图 1-3-8　FC1 的控制程序

(2) 重复上述操作,插入功能 FC2,双击打开 FC1,编写托盘传送电机正反转程序后保存,见图 1-3-9。

FC2：托盘传送电机M2正反转控制

程序段 1：正转控制

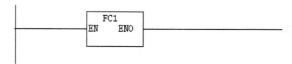

程序段 2：反转控制

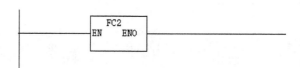

图 1-3-9　FC2 的控制程序

3) 调用 FC 和程序仿真

(1) 在项目管理中双击打开 OB1，在程序元素窗口内单击⊞ ▣ FC 块，完成 FC1 和 FC2 的调用，见图 1-3-10。

OB1 :　"Main Program Sweep (Cycle)"

程序段 1：货物传送电机M1正反转控制

```
        ┌──────────┐
        │   FC1    │
      ──┤EN     ENO├──
        └──────────┘
```

程序段 2：托盘传送电机M2正反转控制

```
        ┌──────────┐
        │   FC2    │
      ──┤EN     ENO├──
        └──────────┘
```

图 1-3-10　编辑 OB1 并调用 FC

(2) 打开仿真软件 PLCSIM，将所有的逻辑块下载到仿真 PLC，将仿真 PLC 切换到 "RUN-P" 或 "RUN" 模式。打开 OB1，单击工具栏的 "监视" 按钮，启动程序状态监控功能；也可以打开 FC1 和 FC2，通过工具栏的 "监视" 按钮，启动程序状态监控功能。

3. 有参功能 FC

通过一个电动机启停的例子来学习有参功能 FC。

1) 生成功能

用新建项目向导生成名为 "有参功能 FC" 的项目：CPU 313C。执行 SIMATIC Manager

窗口的菜单命令"插入"→"功能"，在出现的"属性"对话框中，默认的名称为 FC1，设置"创建语言"为 LAD(梯形图)。单击"确定"按钮后，在 SIMATIC Manager 右边窗口中出现 FC1。

2) 在变量声明表中定义局部变量

双击打开 FC1，可以看到图 1-3-11 所示程序区的上面是 FC1 的变量声明表。

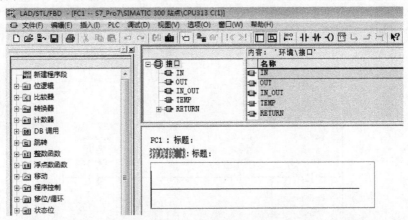

图 1-3-11　FC1 变量声明表

① 局部变量声明。在变量声明表中声明(即定义)局部变量时，局部变量只能在它所在的块中使用。块的局部变量必须以英文字母开始，只能由字母、数字和下划线组成，不能使用汉字。功能 FC 有 IN、OUT、IN_OUT、TEMP 和 RETURN 中的 RET_VAL 五种局部变量。

IN(输入变量)：由调用它的块提供的输入参数。

OUT(输出变量)：返回给调用它的输出参数。

IN_OUT(输入_输出参数)：初值由调用它的块提供，被子程序修改后返回给调用它的块。

TEMP(临时变量)：暂时保存在局域数据堆栈中的变量。只在执行块时使用临时数据，执行完毕，不再保存临时数据的数值，它能被别的数据覆盖。

RETURN 中的 RET_VAL(返回值)：属于输出参数。

② 生成局部数据。选中变量声明表左边窗口中的"IN"，在变量声明表中定义参数名"start"和"stop"两个输入变量；选中变量声明表左边窗口中的"OUT"，在变量声明表中定义参数名为"motor"的输出变量。生成的变量符号名称、数据类型、声明变量类型和注释如图 1-3-12 所示。

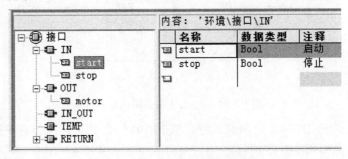

图 1-3-12　FC1 的变量声明表

在变量声明表中赋值时，不需要制定存储器地址。根据各变量的数据类型，程序编辑器自动为所有局部变量制定存储器地址。

③ 编写功能 FC1 的程序。在 FC1 中的程序区添加触点和线圈，构成"启保停"电路，在地址区，要输入变量声明表中的符号名称。在引用局部变量时，如果在块的变量声明表中有这个符号名，则 STEP 7 自动在局部变量名之前加"#"号。在第一行常开触点地址位置直接输入"start"，回车后，显示"start"，或在常开触点位置单击鼠标右键，单击"插入符号"命令添加变量声明表中的符号，依次添加程序的地址为已定义的变量名称。FC1 程序如图 1-3-13 所示。

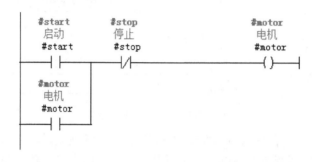

图 1-3-13　FC1 程序

完成程序编写后，单击工具栏的"保存"按钮保存 FC1 程序。

④ 调用 FC1 和程序仿真。在 SIMATIC Manager 窗口中双击打开 OB1，再在程序元素窗口内单击田 📦 FC 块，双击 FC1 并将其放到程序区。FC1 方框中的"start"、"stop"是变量声明表中已经定义的输入参数，"motor"是输出参数。它们被称为 FC 的形式参数，简称为形参，形参在 FC 内部的程序中使用。其他逻辑块调用 FC 时，需要为每个形参指定实际的参数，简称实参，如 I0.0 是形参 start 指定的实参，I0.1 是形参 stop 指定的实参，Q0.0 是形参 motor 指定的实参。在 OB1 中调用 FC1 的程序如图 1-3-14 所示。

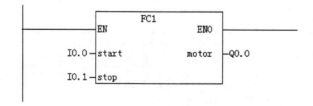

图 1-3-14　在 OB1 中调用功能 FC1

打开仿真工具 PLCSIM，将所有的逻辑块下载到仿真 PLC，将仿真切换到"RUN"模式，程序仿真结果如图 1-3-15 所示。

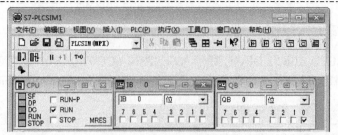

图 1-3-15 程序仿真结果

打开 OB1，单击具栏上的 66" 按钮，启动程序状态监控功能，如图 1-3-16 所示。单击 PLCSIM 中 I0.0 对应的小方框，模拟按下启动按钮，图 1-3-16 左图中 I0.0 的值变为 "1"。I0.0 的状态变化传递给 FC1 的形参 start。打开 FC1，单击工具栏上的 66" 按钮(见图 1-3-16 右图)，看到 start 常开触点闭合，使得 motor 的线圈通电。它的值返回给它对应的实际参数 Q0.0，见图 1-3-16 左图的 Q0.0 值变为 "1"。再单击一次，模拟松开启动按钮，I0.0 为 "0" 状态，start 常闭触点断开。

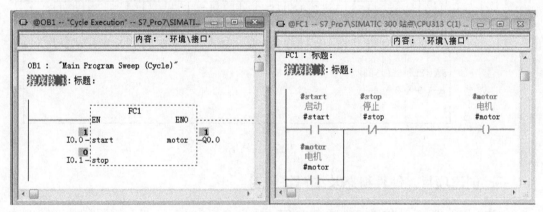

图 1-3-16 OB1 和 FC1 的程序状态监控功能

单击两次 PLCSIM 中 I0.1 对应的小方框，模拟按下和松开停止按钮。FC1 的输出参数 motor 和它的实参 Q0.0 的值均变为 "0" 状态。

【任务实施】

一、I/O 分配表

根据任务分析，对输入、输出量进行分配，如表 1-2-4 所示。

表 1-2-4 I/O 地址分配表

输 入			输 出		
元件	地址	说明	元件	地址	说明
SA1	I0.0	启动开关	YV1	Q4.1	电磁阀 A
SL1	I0.2	高液位传感器	YV2	Q4.2	电磁阀 B
SL2	I0.3	中液位传感器	KA1	Q4.3	搅拌机运行
SL3	I0.4	低液位传感器	YV3	Q4.4	电磁阀 C

二、PLC 端子接线图

选择西门子 CPU 314C-2 DP，订货号为 6ES7314-6CG03-0AB0，具有 24 数字量输入/16 数字量输出和 4 模拟量输入/2 模拟量输出，其硬件接线图如图 1-3-17 所示。

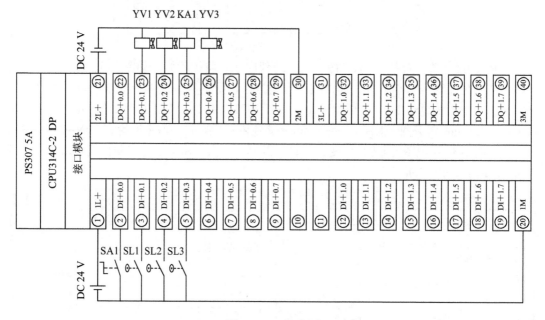

图 1-3-17　接线图

三、创建项目、硬件组态及编写符号表

创建配置液位传感器混料控制系统的 S7 项目，命名为"pzcgq"。完成硬件组态，保存并编译。完成符号表编辑，如图 1-3-18 所示。

	状态	符号	地址		数据类型		注释
2		起动	I	0.0	BOOL		
3		停止	I	0.1	BOOL		
4		高液位传感器	I	0.2	BOOL		
5		中液位传感器	I	0.3	BOOL		
6		低液位传感器	I	0.4	BOOL		
7		COMPLETE RESTART	OB	100	OB	100	Complete Restart
8		电磁阀A	Q	4.1	BOOL		
9		电磁阀B	Q	4.2	BOOL		
1		搅拌机	Q	4.3	BOOL		
1		电磁阀C	Q	4.4	BOOL		
1		搅拌定时器	T	1	TIMER		
1		排空定时器	T	2	TIMER		
1		液料A控制	FC	1	FC	1	
1		液料B控制	FC	2	FC	2	
1		搅拌器控制	FC	3	FC	3	
1		液料C控制	FC	4	FC	4	
1							

图 1-3-18　配置液位传感器混料控制系统符号表

四、规划程序结构

如图1-3-19所示,分部结构的控制程序由6个逻辑块构成:OB1为主循环组织块,OB100为初始化程序,FC1为液料A控制程序,FC2为液料B控制程序,FC3为搅拌机控制程序,FC4为出料控制程序。

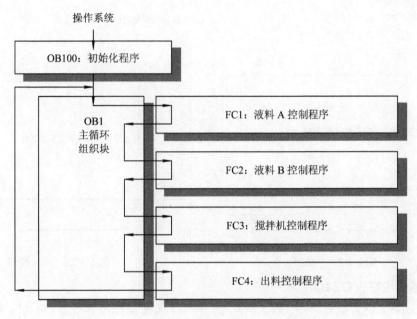

图 1-3-19　配置液位传感器混料控制系统程序结构

五、用无参功能 FC 编写程序

1. 编辑功能 FC

在"pzcgq"项目内选择"块"文件夹,单击鼠标右键并执行命令"插入新对象"→"功能",分别创建 4 个功能:FC1、FC2、FC3 和 FC4,如图 1-3-20～图 1-3-23 所示。由于在符号表内已经为 FC1～FC4 定义了符号名,因此在创建 FC 的属性对话框内系统会自动添加符号名。

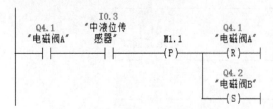

图 1-3-20　FC1 程序

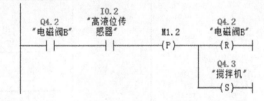

图 1-3-21　FC2 程序

FC4：料C的控制程序

程序段 1：设置放料到低液位传感器标志

FC3：搅拌机控制程序

程序段 1：搅拌10s

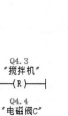

程序段 2：延时5s

程序段 2：停止搅拌，打开电磁阀C放料

程序段 3：停止放料并把低液位标志复位

图 1-3-22　FC3 程序　　　　　图 1-3-23　FC4 程序

2. 编辑组织块 OB100

单击鼠标右键并执行命令"插入新对象"→"组织块"，把名称改为 OB100，如图 1-3-24 所示。分别打开各块进行程序编辑。

OB100 ： "Complete Restart"

程序段 1：初始化输出变量

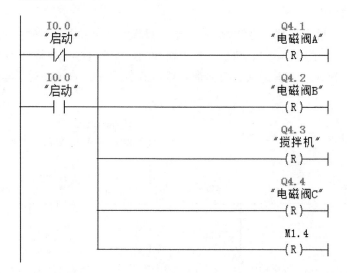

图 1-3-24　OB100 程序

3. 编辑 OB1 程序

在循环组织块 OB1 中编写启动电磁阀 A 的程序，见图 1-3-25。

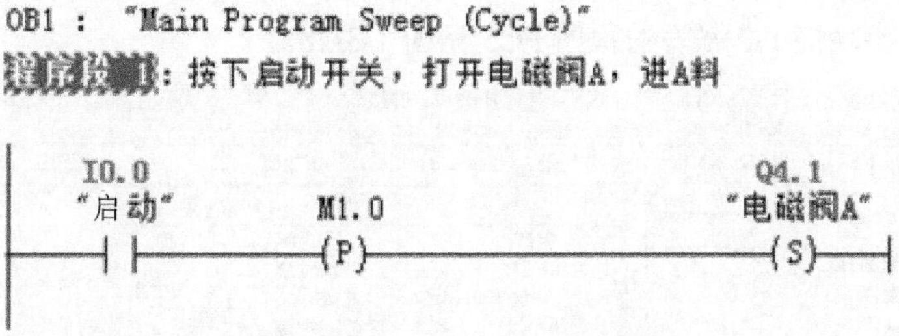

OB1 : "Main Program Sweep (Cycle)"
程序段 1: 按下启动开关，打开电磁阀A，进A料
I0.0
"启动"
M1.0
(P)
Q4.1
"电磁阀A"
(S)

图 1-3-25　启动电磁阀 A 程序

在项目管理中双击打开 OB1，在程序元素窗口内单击 FC 块，完成 FC1、FC2、FC3 和 FC4 的调用，见图 1-3-26。

程序段 2：调用4个功能
I0.0
"启动"
FC1
"液料A控制"
EN
ENO
FC2
"液料B控制"
EN
ENO
FC3
"搅拌器控制"
EN
ENO
FC4
"液料C控制"
EN
ENO

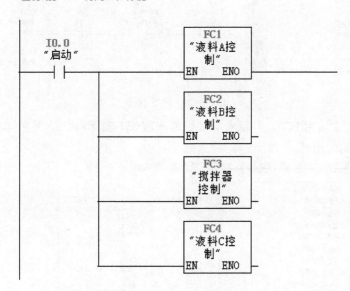

图 1-3-26　调用 FC1、FC2、FC3 和 FC4

当按下停止按钮，利用移动指令“MOVE”把 0 送到 QB4，从而停止输出变量，见图 1-3-27。

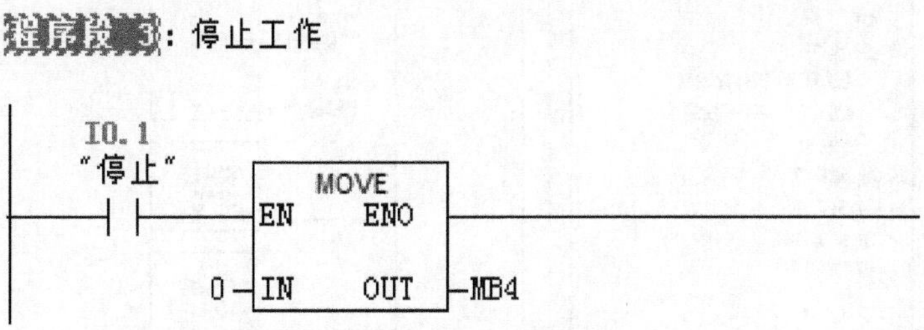

程序段 3: 停止工作
I0.1
"停止"
MOVE
EN
ENO
0
IN
OUT
MB4

图 1-3-27　停止输出变量

六、用有参功能 FC 编写程序

在用无参功能 FC 编程时，图 1-3-20 所示的 FC1 程序和图 1-3-21 所示的 FC2 程序形式上一样，利用有参功能 FC 编写的程序 FC5 见图 1-3-28。

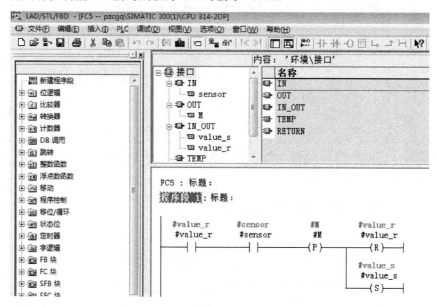

图 1-3-28　FC5 程序

在 OB1 中 2 次调用 FC5，并赋实际参数值来取代 FC1 和 FC2，见图 1-3-29。其他程序与无参功能 FC 编程相同。

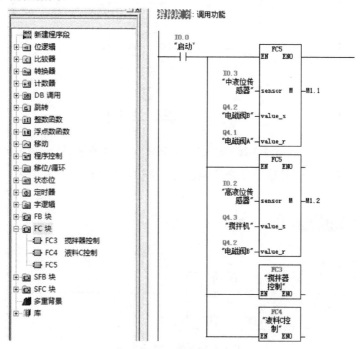

图 1-3-29　调用 FC5 并赋值

七、下载调试

在完成配置液位传感器控制系统的主电路和控制电路的接线以后，还需将 PLC 系统硬件信息及控制程序下载到 PLC 中，才能对系统进行调试。只对程序进行调试可利用仿真软件 PLCSIM 来实现。在 SIMATIC Manager 窗口内单击“仿真”图标启动仿真工具 PLCSIM，将所有的块和系统数据下载到仿真 PLC，将仿真 PLC 切换到“RUN”或“RUN-P”模式。按下启动开关 I0.0，依次模拟操作低、中、高液位传感器的状态，观察输出的变化。

【课后实践】

用 FC 编程实现数学公式 $Y=(X+5)*10/5$，能在 OB1 主程序中对该 FC 多次调用。

项目二　停车场控制系统

【项目导入】

停车场的车位显示信息可为广大司机节约找车位的时间，同时节约停车场的有限资源，提高停车位的利用率，缓减城市停车压力。本项目设计了 3 个任务，涉及功能、中断控制等知识点。

任务 1　停车场机动车车位显示控制

【任务描述】

某停车场可停 50 辆车，用显示屏显示剩余车位数；出、入口分别安装传感器检测车辆的进出数，每进一辆车停车位少 1，每出一辆车停车位增 1。当场内停车位大于等于 5 且小于等于 50 时，入口处绿灯亮，允许停车；当停车位小于 5 大于等于 1 时，绿灯闪烁，提醒待进场车辆司机注意车位将满；当空车位等于 0 时，红灯亮，禁止车辆进入。SB1 为系统计数器车位初始化按钮，SB2 为系统计数器复位按钮。

【知识导航】

一、计数器指令

1. 计数器的分类及存储区

计数器分为加计数器、减计数器以及加/减计数器(又称为双向计数器)三种，其形式有方框指令形式与线圈指令形式两种。SIMATIC 计数器的个数(128～2048 个)与 S7-300 CPU 的型号有关，S7-400 有 2048 个计数器。每个 SIMATIC 计数器有一个保存当前计算器值的字和一个计算器状态位，用计数器地址(C 和计数器号，如 C26)来访问当前计数器值和状态位。

计数器字的 0～11 位是当前计数值的 BCD 码，计数值的范围为 0～999。图 2-1-1 中的计数器字的当前计数值为 BCD 码 127。

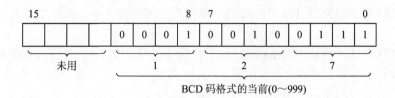

图 2-1-1 计数器字

2. 计数器的指令格式

(1) S_CUD 是加/减计数器(Up Down Counter)方框指令，见图 2-1-2。其中：

"？？？"：计数器的编号，编号范围与 CPU 的具体型号有关。

CU：加计数器输入端，该端每出现一个上升沿，计数器便自动加"1"，当计数器的当前值为 999 时，计数值保持为 999，加"1"无效。

CD：减计数输入端，该端每出现一个上升沿，计数器便自动减"1"，当计数器的当前值为 0 时，此时的减操作无效。

S：设置输入信号，在该端出现上升沿时，将 PV 端指定的预设值送入计数器字。

PV：预设计数值输入端，范围为 0～999。可以通过字存储器(如 MW0、QW2 等)为计数器提供预设值，也可以直接输入 BCD 码形式，格式：C#<值>，如 C#5、C#99。

R：计数器复位信号输入端，任何情况下，只要该端出现上升沿，计数器就会立即复位。复位后计数器的当前值变为 0，输出状态为"0"。

CV：输出十六进制格式的当前值，如 16#0036、16#00bc。该端可以连接各种字存储器，如 MW2、QW4、IW6，也可以悬空。

CV_BCD：输出 BCD 码格式的当前值，该端可以连接各种字存储器，如 MW2、QW4、IW6，也可以悬空。

Q：计数器状态输出端，只要计数器的当前值不为 0，计数器的状态就为"1"。该端可以连接存储器，如 Q0.1、M1.0，也可以悬空。

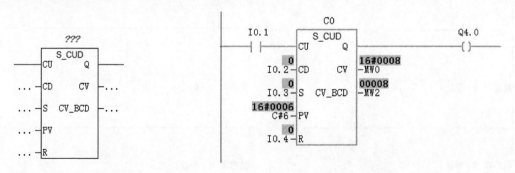

图 2-1-2 加/减计数器   图 2-1-3 加/减计数器指令的应用

例 1 加/减计数器指令的应用如图 2-1-3 所示。

当 I0.3 出现上升沿时，PV 的预设值 6 被送入计数器的字，Q4.0 输出为"1"，CV 端显示当前计数值为 16#0006，CV_BCD 端以 BCD 码显示当前计数值。当 I0.1 有上升沿时，C0 值加"1"；当 I0.2 有上升沿时，C0 值减"1"；I0.4 有上升沿时，计数器 C0 被复位，Q4.0 输出为"0"。

(2) S_CU 是加计数器(Up Counter)方框指令，见图 2-1-4。各符号含义同 S_CUD 计数器。

(3) S_CD 是减计数器(Down Counter)方框指令，见图 2-1-5。各符号含义同 S_CUD 计数器。

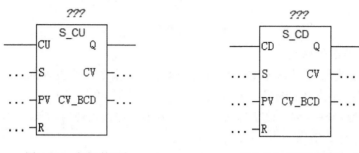

　　　　图 2-1-4　加计数器　　　　　　　　　图 2-1-5　减计数器

(4) 计数器的线圈指令。图 2-1-6 所示的线圈 SC 用来设置计数器的预设值，线圈 CU 为加计数器线圈，线圈 CD 为减计数器线圈。

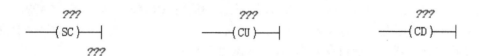

图 2-1-6　计数器的线圈指令

"设置计数器值" SC 与 CU 指令配合可实现 S_CU 指令功能，如图 2-1-7(a)所示；SC 与 CD 指令配合可实现 S_CD 指令功能，如图 2-1-7(b)所示，SC 与 CU 和 CD 指令配合可实现 S_CUD 指令功能，如图 2-1-7(c)所示。

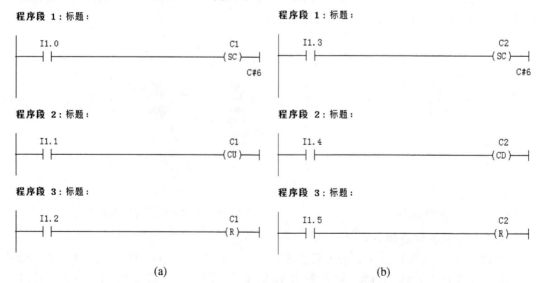

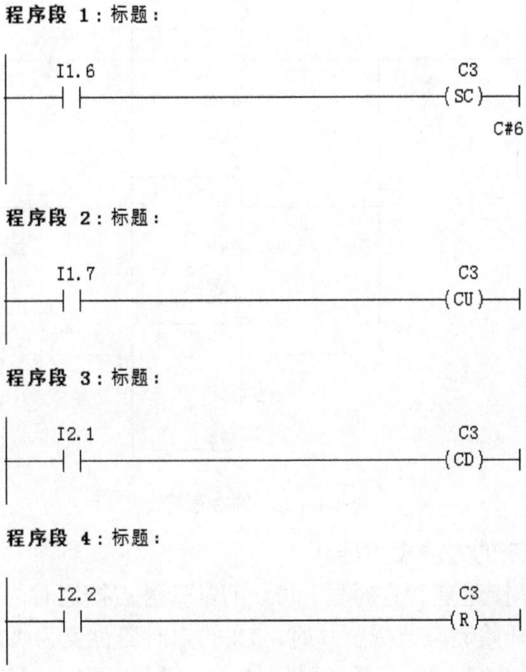

程序段 1：标题：

```
     I1.6                                    C3
──┤├─────────────────────────────────────(SC)──┤
                                           C#6
```

程序段 2：标题：

```
     I1.7                                    C3
──┤├─────────────────────────────────────(CU)──┤
```

程序段 3：标题：

```
     I2.1                                    C3
──┤├─────────────────────────────────────(CD)──┤
```

程序段 4：标题：

```
     I2.2                                    C3
──┤├─────────────────────────────────────(R)──┤
```

(c)

图 2-1-7 加、减计数器线圈指令应用

二、比较指令

比较指令用来比较两个具有相同数据类型的数，可以比较整数(I)、双整数(D)和浮点数(R)。方框比较指令在梯形图中相当于一个常开触点，可以与其他触点串联和并联。在使能输入信号为 1 时，比较 IN1 和 IN2 输入的两个操作数。如果被比较的两个数满足指令指定的大于、等于、小于等条件，比较结果为"真"，则等效触点闭合，指令框有能流流过。

梯形图中比较指令框的输入和输出均为 BOOL 变量，可以取 I、Q、M、L 和 D；被比较数 IN1 和 IN2 的数据长度与指令有关，可以是整数(I)、双整数(D)和浮点数(R)。

表 2-1-1 中的"？"可以取==(等于)、<>(不等于)、 >、<、>=和<=。

表 2-1-1　比较指令

梯形图中的符号	语句表指令	描　述
CMP?I	?I	比较累加器 2 和累加器 1 低字中的整数是否==、<>、>、<、>=、<=，如条件满足，则 RLO=1
CMP?D	?D	比较累加器 2 和累加器 1 低字中的双整数是否==、<>、>、<、>=、<=，如条件满足，则 RLO=1
CMP?R	?R	比较累加器 2 和累加器 1 低字中的浮点数是否==、<>、>、<、>=、<=，如条件满足，则 RLO=1

例 2　I0.0 闭合小于 5 次之后，输出 Q0.0；I0.0 闭合 5～10 次之后，输出 Q0.1；I0.0 闭合 15 次之后，计数器及所有输出自动复位。手动复位按钮(常开触点)为 I0.1，如图 2-1-8 所示。

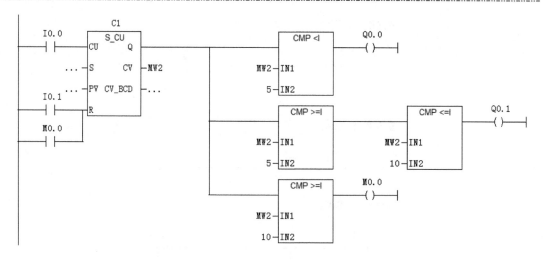

图 2-1-8　例 2 程序

例 3　基于比较指令的方波发生器。

图 2-1-9 中的 T0 是接通延时定时器，I0.0 的常开触点接通时，T0 开始定时，其剩余时间值从预置时间值 2 s 开始递减。减至 0 时，T0 的定时器位变为"1"状态，其常闭触点断开，使其定时器位变为"0"，T0 的常闭触点闭合，又从预置时间值开始定时。

T0 的十六进制剩余时间(单位为 10 ms)被写入 MW4 后，与常数 80 比较。剩余时间大于 80(800 ms)时，比较指令等效的触点闭合，Q0.0 的线圈通电，通电时间为 1.2 s；剩余时间小于 80 时，比较指令等效的触点断开，Q0.0 的线圈断电，断电时间为 0.8 s。基于比较指令的方波发生器波形图如图 2-1-10 所示。

程序段 1：标题：

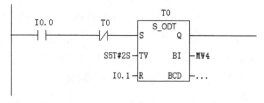

程序段 2：标题：

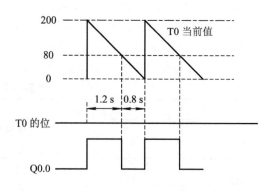

图 2-1-9　基于比较指令的方波发生器　　　　图 2-1-10　基于比较指令的方波发生器波形图

三、时钟存储器

时钟存储器是一个存储字节，它以脉冲暂停比 1：1 定期更改其二进制状态。当使用 STEP-7 分配时钟存储器的参数时，选择要在 CPU 上使用的存储字节。

选择 SIMATIC Manager 窗口中的某个站点,双击右边窗口中的"硬件"图标,打开 HW Config 工具。双击机架中的 CPU 模块所在的行,打开 CPU 属性对话框,单击图 2-1-11 中"周期/时钟存储器"选项卡的"时钟存储器"左边的小正方形复选框,框中出现一个"√",表示选中(激活)了该选项。如设置时钟存储器字节地址为 6,即设置 MB6 为时钟存储器字节。

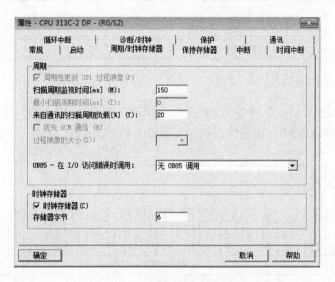

图 2-1-11 周期/时钟存储器

按计算机的 F1 键,打开在线帮助信息。执行菜单命令"帮助"→"索引",键入关键字"时钟存储器",可以看到有关它的信息。表 2-1-2 为时钟存储器各位的时钟脉冲周期和频率。

表 2-1-2 时钟存储器各位的时钟脉冲周期和频率

时钟存储字节的位	7	6	5	4	3	2	1	0
周期持续时间/s	2.0	1.6	1.0	0.8	0.5	0.4	0.2	0.1
频率/Hz	0.5	0.625	1	1.25	2	2.5	5	10

例 4 如图 2-1-12 所示,利用时钟存储器实现了亮 0.5 s、灭 0.5 s 的闪烁功能。

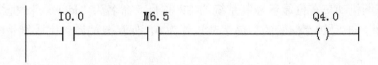

图 2-1-12 时钟存储器的应用

【任务实施】

一、I/O 分配表

根据任务分析,对输入、输出量进行分配,如表 2-1-3 所示。

表 2-1-3　I/O 地址分配表

输　入			输　出		
元件	地址	说明	元件	地址	说明
传感器 IN	I0.0	检测进场车辆	HL1	Q4.0	绿灯，允许信号
传感器 OUT	I0.1	检测出场车辆	HL2	Q4.1	红灯，禁车信号
SB1	I0.2	车位初始化按钮			
SB2	I0.3	计数器复位按钮			

二、PLC 端子接线图

选择西门子 CPU315，订货号为 6ES7 315-1AF00-0AB0、DI 6ES7 321-1BH00-0AA0、D0 6ES7 322-1FH00-0AA0，其硬件接线图如图 2-1-13 所示。

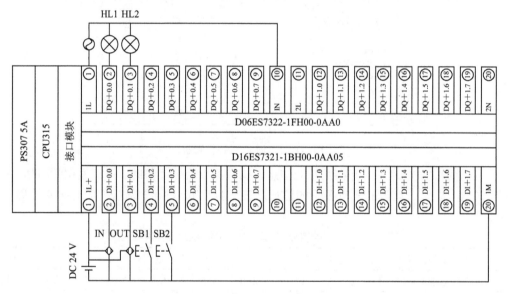

图 2-1-13　接线图

三、创建项目、硬件组态及编写符号表

创建停车场机动车车位显示控制系统的 S7 项目，命名为"jdcwxs"。完成硬件组态，打开 CPU 属性，把时钟存储器的存储字节设置为 6，保存并编译。完成符号表编辑，如表 2-1-4 所示。

表 2-1-4　停车场机动车车位显示控制系统符号表

	状态	符号	地址		数据类型	注释
2		传感器OUT	I	0.1	BOOL	
3		车位初始化按钮SB1	I	0.2	BOOL	
4		计数器复位按钮SB2	I	0.3	BOOL	
5		时钟存储器字节	MW	6	WORD	
6		Cycle Execution	OB	1	OB	...
7		绿灯HL1	Q	4.0	BOOL	
8		红灯HL2	Q	4.1	BOOL	
9						

四、程序梯形图

根据控制要求，编写符合要的梯形图程序，如图 2-1-14 所示，仅供参考，读者可自行设计满足控制要求的梯形图程序。

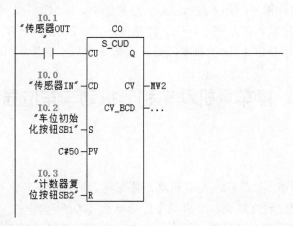

程序段 3：禁止车辆进入

程序段 2：允许车辆进入

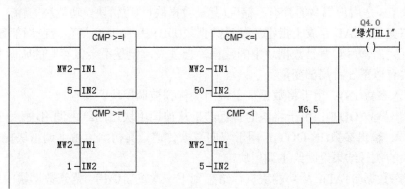

图 2-1-14　停车场机动车车位显示控制系统程序

五、PLCSIM 调试程序

在 SIMATIC Manager 窗口内单击"仿真"图标启动仿真工具 PLCSIM，将 OB1 和系统数据下载到仿真 PLC，将仿真 PLC 切换到"RUN"或"RUN-P"模式。

按下启动按钮 SB1 把车位初始化为 50，I0.0 每接通一次，剩余空车位显示处 MW2 减1；I0.1 每接通一次，MW2 处加 1。当场内停车位大于等于 5 小于等于 50 时，入口处绿灯(HL1)亮，允许停车；当停车位小于 5 大于或等于 1 时，绿灯(HL1)闪烁，提醒待进场车辆司机注意车位将满；当空车位等于 0 时，红灯(HL2)亮，禁止车辆进入。

【课后实践】

请按以下控制设计程序：有 4 盏指示灯，分别为 A、B、C、D，要求按下启动按钮 SD后，4 盏灯按以下顺序动作：A 亮 3 s→B、C 亮 3 s→C、D 亮 3 s→D、A 亮 3 s，循环，C、D 亮 3 次后，4 盏指示灯以 1 Hz 的频率闪烁，闪烁 5 次后 4 盏指示灯全灭。

任务 2　停车场机动车和非机动车车位显示控制

【任务描述】

停车场有两个停车区，机动车与非机动车停车区。机动车停车区有 50 个停车位，当有空位时绿灯亮，无空位时红灯亮。非机动车停车区有 100 个停车位，当有空位时绿灯亮，无空位时红灯亮。SB1 为机动车停车区车位初始化按钮，SB2 为机动车停车区计数器复位按钮，SB3 为非机动车停车区车位初始化按钮，SB4 为非机动车停车区计数器复位按钮。要求用有参功能块 FB 来编程。

【知识导航】

一、功能块

1. 功能块介绍

功能块 FB 是用户编写的具有存储区(背景数据块)的逻辑块，功能块的输入参数、输出参数和静态变量(STAT)存放于指定的背景数据块(DB)中，临时变量存储在局部数据堆栈中，功能块执行完后，尽管背景数据块中的数据不会丢失，但是不会保存它的临时变量。

功能块有以下 5 种局部变量：

(1) 输入参数(IN)：用于将数据从主调用块传到被调用块。

(2) 输出参数(OUT)：用于将块的执行结果从被调用块返回给主调用块。

(3) 输入-输出参数(IN-OUT)：用于双向数据传递。其初始值由主调用块提供，用同一个参数将块的执行结果返回给主调用块。

(4) 静态数据(STAT)：从功能块执行结束到下一次重新调用，背景数据块中的静态数据的值保持不变。

(5) 临时数据(TEMP)：暂时保存在局部数据堆栈(L 堆栈)中的数据。同一优先级的 OB及其调用的块的临时数据使用局部数据堆栈中的同一片物理存储区，它类似于公用的布告栏，大家都可以在上面贴布告，后贴的布告将原来的布告覆盖掉。只是在执行块时使用临时数据，每次调用块之后，不再保存它的临时数据的值，它可能在同一扫描周期被同一优先级中后面调用的块的临时数据覆盖。调用 FC 和 FB 时，首先应初始化它们的临时数据(写入数值)，然后再使用，即"先赋值后使用"。

2. 背景数据块

背景数据块总的变量就是其功能块的局部变量中的 IN、OUT、IN-OUT 和 STAT 变量。功能块的数据永久地保存在它的背景数据块中，功能块执行完后也不会丢失，以供下次执行时使用。其他代码块可以访问背景数据块中的变量。不能直接删除和修改背景数据块中的变量，只能在它的功能块的变量声明表中删除和修改。

生成功能块的输入、输出和静态变量时，它们被自动指定一个初始值，可以修改这些初始值。它们被传送给 FB 的背景数据块，作为同一个变量的初始值。调用 FB 时没有指定实际的形参，使用背景数据块中的初始值。

3. 功能块使用(没有使用参数传递)

一台水泵、一台油泵均采用星/三角形单元启动/停止。

1) 生成功能块

用新建项目向导生成一个名为"无参功能块 FB"的项目(如图 2-2-1 所示)，执行 SIMATIC Manager 窗口的菜单命令"插入"→"功能块"，在出现的"属性"对话框，默认的名称为 FB1，设置"创建语言"为 LAD(梯形图)；单击"多重背景功能"复选框，去掉其中的 ✔，取消多重背景功能，如图 2-2-2 所示；单击"确定"按钮后，在 SIMATIC Manager 右边窗口将出现 FB1。

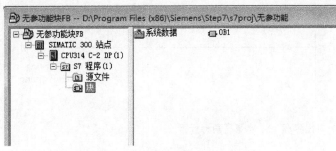

图 2-2-1 项目"无参功能块 FB"

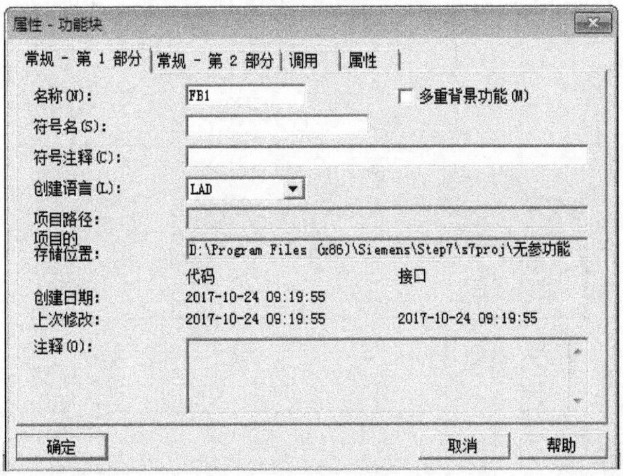

图 2-2-2 FB1 的属性对话框

2) 编写功能块 FB 中的程序

双击打开 FB1,在 FB1 中定义接口参数,如图 2-2-3 所示,然后编写程序,如图 2-2-4 所示。

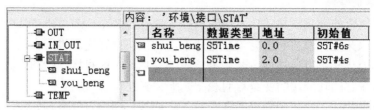

图 2-2-3 在 FB1 中定义接口参数

FB1 : 星/三角形启动/停止控制

程序段 1:水泵星形启动

```
     I0.1                                    Q0.1
    "水泵启动"                               "水电源"
 ─────┤ ├──────┬────────────────────────────( S )──
                │                             Q0.2
                │                            "水Y"
                └────────────────────────────( S )──
```

程序段 2:水泵星形启动计时

```
     Q0.2                                      T0
    "水Y"                                    "水计时"
 ─────┤ ├─────────────────────────────────── ( SD )──
                                            #shui_beng
                                            #shui_beng
```

程序段 3:水泵三角形运行

```
     T0                                       Q0.3
    "水计时"                                  "水△"
 ─────┤ ├──────┬────────────────────────────( S )──
                │                             Q0.2
                │                            "水Y"
                └────────────────────────────( R )──
```

程序段 4:水泵停止

```
     I0.2                                      Q0.1
    "水泵停止"                                "水电源"
 ─────┤ ├──────┬────────────────────────────( R )──
                │                             Q0.2
                │                            "水Y"
                ├────────────────────────────( R )──
                │                             Q0.3
                │                            "水△"
                └────────────────────────────( R )──
```

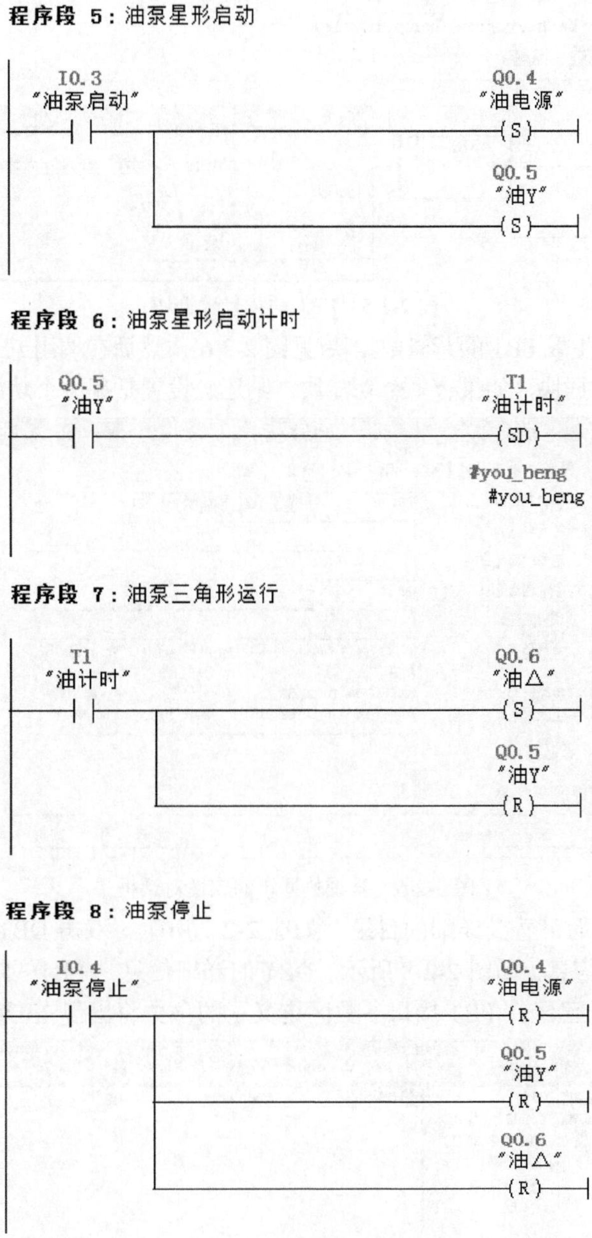

程序段 5：油泵星形启动

```
   I0.3                                    Q0.4
 "油泵启动"                               "油电源"
 ──┤ ├──┬─────────────────────────────────( S )──
         │                                 Q0.5
         │                                "油Y"
         └─────────────────────────────────( S )──
```

程序段 6：油泵星形启动计时

```
   Q0.5                                     T1
  "油Y"                                  "油计时"
 ──┤ ├─────────────────────────────────────( SD )──
                                          #you_beng
                                          #you_beng
```

程序段 7：油泵三角形运行

```
   T1                                      Q0.6
 "油计时"                                 "油△"
 ──┤ ├──┬─────────────────────────────────( S )──
         │                                 Q0.5
         │                                "油Y"
         └─────────────────────────────────( R )──
```

程序段 8：油泵停止

```
   I0.4                                    Q0.4
 "油泵停止"                               "油电源"
 ──┤ ├──┬─────────────────────────────────( R )──
         │                                 Q0.5
         │                                "油Y"
         ├─────────────────────────────────( R )──
         │                                 Q0.6
         │                                "油△"
         └─────────────────────────────────( R )──
```

图 2-2-4　FB10 中编写的程序

3) 调用 FB 和程序仿真

(1) 在 SIMATIC Manager 窗口中双击打开 OB1，在程序元素窗口内打开 FB 块文件夹，将其中的 FB1 拖放到程序区的水平"导线"上。双击方框上面的红色"？？？"，输入背景数据块的名称 DB1，按回车键后出现的对话框询问"背景数据块 DB1 不存在。是否要生成它？"(见图 2-2-5)。单击"是"按钮确认，打开 SIMATIC Manager 窗口，可以看到自动生成的 DB1。

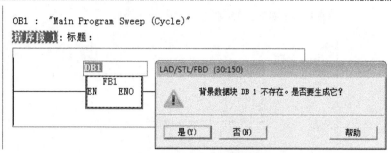

图 2-2-5   FB1 的背景数据块

(2) 也可以首先生成 FB1 的背景数据块(见图 2-2-6)，然后在调用 FB1 时使用它。应设置生成数据块为背景数据块，如果有多个功能块，则还应设置是哪一个功能块的背景数据块。

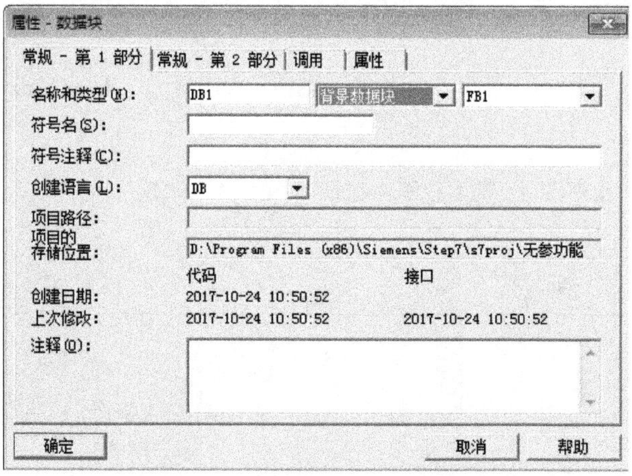

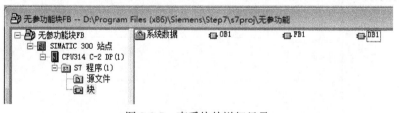

图 2-2-6   背景数据块的属性对话框

(3) 打开管理界面可看到详细的目录，如图 2-2-7 所示，双击 DB1 图标，打开 DB1 可以查看 DB1 的详细信息，如图 2-2-8 所示。DB1 的详细信息是 FB1 的接口参数，除临时参数不会出现外，其他已经在 FB1 接口参数区定义了的参数将出现在 DB1 背景数据块中。

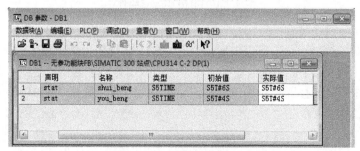

图 2-2-7   查看块的详细目录

图 2-2-8   背景数据块中的信息

(4) 打开仿真工具 PLCSIM，将所有的逻辑块下载到仿真 PLC，将仿真 PLC 切换到 "RUN-P"或"RUN"模式。打开 OB1，单击工具栏的"监视"按钮，启动程序状态监控功能；也可以打开 FB1，通过工具栏的"监视"按钮，启动程序状态监控功能。当接通 I0.1 时可以启动水泵的星/三角形单元，当接通 I0.2 时可以停止水泵的星/三角形单元，当接通 I0.3 时可以启动油泵的星/三角形单元，当接通 I0.4 时可以停止油泵的星/三角形单元。

4．有参功能块 FB

仍以一台水泵、一台油泵均采用星/三角形单元启动/停止为例，学习有参数传递的功能块 FB。

1) 生成功能

用新建项目向导生成名为"有参功能块 FB"的项目。执行 SIMATIC Manager 窗口的菜单命令插入功能块 FB10，设置"创建语言"为 LAD(梯形图)。单击"确定"按钮后，在 SIMATIC Manager 右边窗口将出现 FB10。

2) 编写功能块 FB 的程序

双击打开 FB10，定义接口参数，如图 2-2-9 所示，然后在 FB10 中编写控制程序，如图 2-2-10 所示。

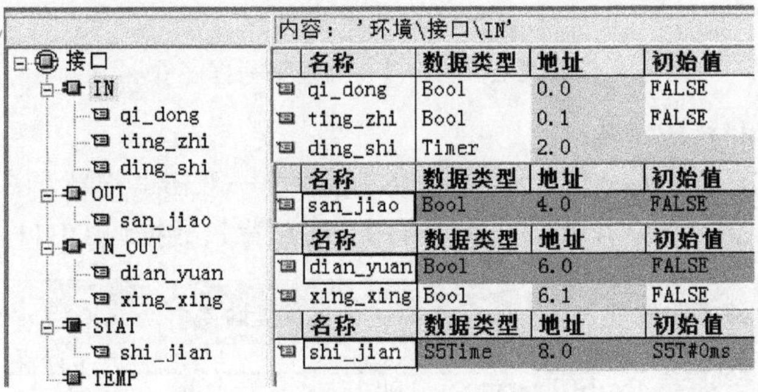

图 2-2-9　在 FB10 中定义接口参数

FB10： 星/三角形启停控制
程序段 1：泵星形启动

程序段 2：泵星形启动计时

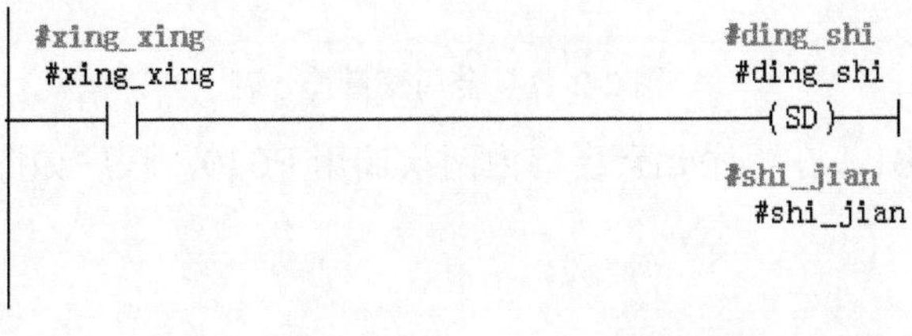

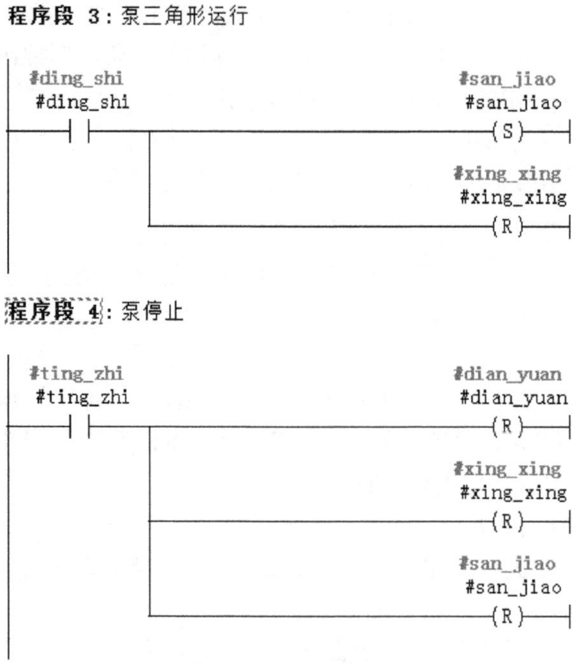

程序段 3：泵三角形运行

```
#ding_shi                                      #san_jiao
#ding_shi                                      #san_jiao
  |——| |————————————————————————————————————————( S )——|
                                               #xing_xing
                                               #xing_xing
                                             ——( R )——|
```

程序段 4：泵停止

```
#ting_zhi                                      #dian_yuan
#ting_zhi                                      #dian_yuan
  |——| |————————————————————————————————————————( R )——|
                                               #xing_xing
                                               #xing_xing
                                             ——( R )——|
                                               #san_jiao
                                               #san_jiao
                                             ——( R )——|
```

图 2-2-10　在 FB10 里编写程序

3) 调用 FB10 和程序仿真

(1) 在 SIMATIC Manager 窗口中单击 "S7 程序" →双击 "符号" 图标，编辑全局符号，如图 2-2-11 所示。插入水泵背景数据块 DB10、油泵背景数据块 DB11。

	状态	符号	地址		数据类型		注释
1		Cycle Execution	OB	1	OB	...	
2		功能块	FB	10	FB	...	
3		水△	Q	0.3	BOOL		
4		水Y	Q	0.2	BOOL		
5		水泵启动	I	0.1	BOOL		
6		水泵背景数据块	DB	10	DB	...	
7		水泵停止	I	0.2	BOOL		
8		水电源	Q	0.1	BOOL		
9		水计时	T	0	TIMER		
1		油△	Q	0.6	BOOL		
1		油Y	Q	0.5	BOOL		
1		油泵启动	I	0.3	BOOL		
1		油泵背景数据块	DB	11	DB	...	
1		油泵停止	I	0.4	BOOL		
1		油电源	Q	0.4	BOOL		
1		油计时	T	1	TIMER		

S7 程序(1) (符号) -- 有参功能块FB\SIMATIC 300 站点\CPU314 C-2 DP(1)

图 2-2-11　全局变量符号表

(2) 双击打开 OB1，在程序元素窗口内两次调用 FB10，程序如图 2-2-12 所示。

OB1 : "Main Program Sweep (Cycle)"

程序段 1：水泵星/三角形启动控制

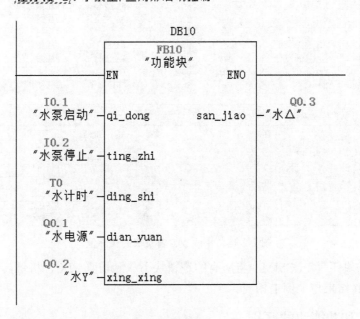

程序段 2：油泵星/三角形启动控制

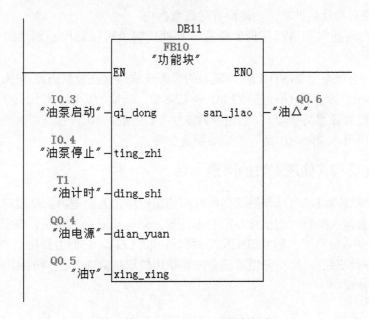

图 2-2-12　Y/△单元启动控制程序

　　(3) 在管理界面，单击 DB10 中名称为"shi_jian"的"实际值"一栏并改写实际值为"S5T#3S"，然后单击菜单栏的"数据块"→"保存"，这样就把 DB10 的"shi_jian"当前值更改为"S5T#3S"了，见图 2-2-13。

DB10 -- 有参功能块FB\SIMATIC 300 站点\CPU314 C-2 DP(1)

	声明	名称	类型	初始值	实际值
1	in	qi_dong	BOOL	FALSE	FALSE
2	in	ting_zhi	BOOL	FALSE	FALSE
3	in	ding_shi	TIMER	T 0	T 0
4	out	san_jiao	BOOL	FALSE	FALSE
5	in_out	dian_yuan	BOOL	FALSE	FALSE
6	in_out	xing_xing	BOOL	FALSE	FALSE
7	stat	shi_jian	S5TIME	S5T#0MS	S5T#3S

DB11 -- 有参功能块FB\SIMATIC 300 站点\CPU314 C-2 DP(1)

	地址	声明	名称	类型	初始值	实际值
1	0.0	in	qi_dong	BOOL	FALSE	FALSE
2	0.1	in	ting_zhi	BOOL	FALSE	FALSE
3	2.0	in	ding_shi	TIMER	T 0	T 0
4	4.0	out	san_jiao	BOOL	FALSE	FALSE
5	6.0	in_out	dian_yuan	BOOL	FALSE	FALSE
6	6.1	in_out	xing_xing	BOOL	FALSE	FALSE
7	8.0	stat	shi_jian	S5TIME	S5T#0MS	S5T#5S

图 2-2-13　更改数据背景块的实际值

(4) 打开仿真工具 PLCSIM，将所有的逻辑块下载到仿真 PLC，将仿真切换到“RUN”模式，程序仿真结果与上例中相同。

二、功能和功能块的区别

(1) 功能块有背景数据块，功能没有背景数据块。

(2) 只能在功能内部访问其局部变量。其他逻辑块可以访问功能块的背景数据块的变量。

(3) 功能没有静态变量(STAT)，功能块的静态变量保存在背景数据块中。

(4) 功能块的局部变量(不包括 TEMP)有初始值，功能的局部变量没有初始值。在调用功能块时如果没有设置某些输入、输出参数的实参，则进入 RUN 模式时将使用背景数据块中的初始值，调用功能时应给所有的形参指定实参。

三、功能块与其他逻辑块的区别

出现事件或故障时，由操作系统调用对应的组织块，其他逻辑块是用户程序调用的。

组织块没有输入参数、输出参数和静态变量，只有临时局部变量。组织块自动生成的 20B 临时局部变量包含了与触发组织块的时间有关的信息，它们由操作系统提供。组织块中的程序是用户编写的，用户可以自己定义和使用组织块前 20B 之后的临时局部数据。

【任务实施】

I/O 分配表和接线图，可以在任务 1 的基础上修改，这里不再赘述。

一、创建项目、硬件组态及编写符号表

创建停车场机动车和非机动车车位显示控制系统的 S7 项目，并命名为“机动与非机动车位显示”。完成硬件组态，CPU 315 选取 6ES7 315-1AF00-0AB0、DI 6ES7

321-1BH00-0AA0、D0 6ES7 322-1FH00-0AA0，完成符号编辑表，如图 2-2-14 所示。

	状态	符号	地址		数据类型	注释
1		Cycle Execution	OB	1	OB ...	
2		DB1	FB	2	FB ...	机动车背景数据块
3		DB2	FB	3	FB ...	非机动车背景数据块
4		FB1	FB	1	FB ...	车位显示控制
5		非机动初始化按钮SB3	I	0.6	BOOL	
6		非机动传感器IN	I	0.4	BOOL	
7		非机动传感器OUT	I	0.5	BOOL	
8		非机动红灯	Q	4.3	BOOL	
9		非机动计数器复位按钮SB4	I	0.7	BOOL	
1		非机动绿灯	Q	4.2	BOOL	
1		机动车位初始化按钮SB1	I	0.2	BOOL	
1		机动传感器IN	I	0.0	BOOL	
1		机动传感器OUT	I	0.1	BOOL	
1		机动红灯HL2	Q	4.1	BOOL	
1		机动计数器复位按钮SB2	I	0.3	BOOL	
1		机动绿灯HL1	Q	4.0	BOOL	

图 2-2-14 机动车和非机动车车位显示控制系统符号表

二、规划程序结构

停车场机动车和非机动车车位显示控制系统中，机动车和非机动车具有相同的操作要求，因此可以由一个功能块 FB 通过赋予不同的实参来实现，程序结构如图 2-2-15 所示。控制程序由逻辑块 OB1 和 FB1 及两个背景数据块 DB1 和 DB2 构成。其中，OB1 为主循环组织块，FB1 为车位显示控制程序，DB1 为机动车车位显示的背景数据块，DB2 为非机动车车位显示的背景数据块。

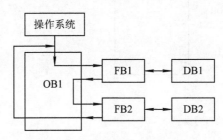

图 2-2-15 系统程序结构图

三、编辑程序

在"机动与非机动车位显示"项目内，创建功能块 FB1，设置"创建语言"为 LAD(梯形图)。单击"确定"按钮后，在 SIMATIC Manager 右边窗口将出现 FB1。

1. 编写功能块 FB 的程序

双击打开 FB1，定义接口参数，如图 2-2-16 所示。然后在 FB1 里编写控制程序，如图 2-2-17 所示，在定义车位总数"zong_shu"静态变量时的类型为"Word"，而在比较指令中用的是整数比较，所以要通过 MOVE 进行转换。

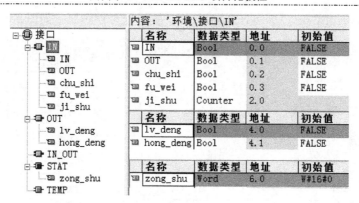

图 2-2-16　机动与非机动车位显示接口参数

FB1 ： 车位显示控制

程序段 1: 车位计数

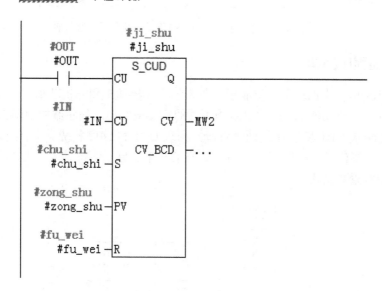

程序段 2：类型转换

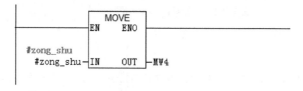

程序段 3：允许车辆进入

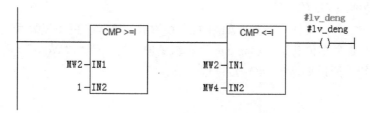

程序段 4：禁止车辆进入

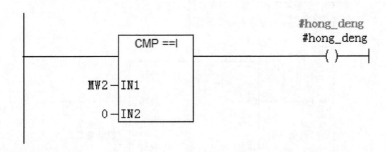

图 2-2-17　FB1 的控制程序

2．建立背景数据块

依次创建机动车车位控制的背景数据块 DB1 和非机动车车位显示的背景数据块 DB2，打开 DB1 和 DB2，把"zong_shu"的实际值分别改为 50 和 100，如图 2-2-18 所示。

DB1 -- 机动与非机动车位显示\SIMATIC 300 站点\CPU315(1)

	地址	声明	名称	类型	初始值	实际值
1	0.0	in	IN	BOOL	FALSE	FALSE
2	0.1	in	OUT	BOOL	FALSE	FALSE
3	0.2	in	chu_shi	BOOL	FALSE	FALSE
4	0.3	in	fu_wei	BOOL	FALSE	FALSE
5	2.0	in	ji_shu	COUNTER	Z 0	Z 0
6	4.0	out	lv_deng	BOOL	FALSE	FALSE
7	4.1	out	hong_deng	BOOL	FALSE	FALSE
8	6.0	stat	zong_shu	WORD	W#16#0	W#16#50

DB2 -- 机动与非机动车位显示\SIMATIC 300 站点\CPU315(1)

	地址	声明	名称	类型	初始值	实际值
1	0.0	in	IN	BOOL	FALSE	FALSE
2	0.1	in	OUT	BOOL	FALSE	FALSE
3	0.2	in	chu_shi	BOOL	FALSE	FALSE
4	0.3	in	fu_wei	BOOL	FALSE	FALSE
5	2.0	in	ji_shu	COUNTER	Z 0	Z 0
6	4.0	out	lv_deng	BOOL	FALSE	FALSE
7	4.1	out	hong_deng	BOOL	FALSE	FALSE
8	6.0	stat	zong_shu	WORD	W#16#0	W#16#100

图 2-2-18　修改背景数据块

3．在 OB1 中调用功能块及仿真

在 OB1 中调用 FB1 并赋予实参，实现对 2 个停车区车位显示的控制。OB1 的梯形图控制程序如图 2-2-19 所示。注意两次调用 FB1 的背景数据块要正确，FB1 的实参地址不要重叠。

打开仿真工具 PLCSIM，将所有的块下载到仿真 PLC，将仿真切换到"RUN"模式，

打开 OB1 和 FB1，启动程序状态监控功能，观察程序状态变化是否符合控制要求。

OB1：机动车与非机动车车位显示控制

程序段 1：机动车车位显示控制

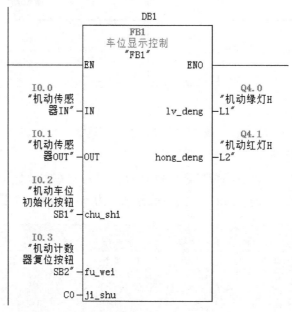

程序段 2：非机动车车位显示控制

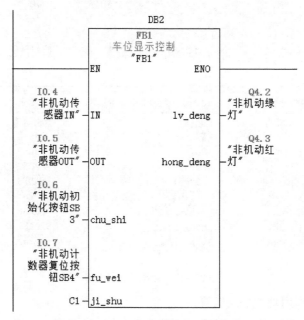

图 2-2-19　OB1 的梯形图控制程序

【课后实践】

用功能块 FB 编程实现 $y = ax^2 + bx + c$ 的算法。

任务3 停车场车道指引灯的启动控制

【任务描述】

停车场车道用彩灯来作为道路指引,要求用循环中断来实现16位彩灯循环点亮控制,每次亮5个,移位个数为1,1 s变化一次。

【知识导航】

一、组织块与中断

1. 组织块

组织块(见表2-3-1)是操作系统与用户程序的接口,由操作系统调用,组织块中的程序是用户编写的。组织块用于控制扫描循环和中断程序的执行、PLC的启动和错误处理等,可以使用的组织块与CPU的型号有关。

表2-3-1 组 织 块

OB	启动事件	默认的优先级	解 释
OB1	启动结束或OB1执行结束	1	自由循环
OB10	日期时间中断0	2	没有指定缺省时间
OB11	日期时间中断1	2	
OB12	日期时间中断2	2	
OB13	日期时间中断3	2	
OB14	日期时间中断4	2	
OB15	日期时间中断5	2	
OB16	日期时间中断6	2	
OB17	日期时间中断7	2	
OB20	延时中断0	3	没有指定缺省时间
OB21	延时中断1	4	
OB22	延时中断2	5	
OB23	延时中断3	6	
OB30	循环中断0(缺省时间间隔:5 s)	7	循环中断
OB31	循环中断1(缺省时间间隔:2 s)	8	
OB32	循环中断2(缺省时间间隔:1 s)	9	
OB61	周期同步中断1	25	同步循环中断
OB62	周期同步中断2	25	
OB63	周期同步中断3	25	
OB64	周期同步中断4	25	

续表

OB	启动事件	默认的优先级	解释
OB70	I/O 冗余故障(只对于 H CPU)	25	冗余故障中断
OB72	CPU 冗余故障(只对于 H CPU)	28	
OB73	通信冗余故障(只对于 H CPU)	25	
OB80	时间故障	26，28	同步故障中断
OB81	电源故障	25，28	
OB82	诊断中断	25，28	
OB83	模板插/拔中断	25，28	
OB84	CPU 硬件故障	25，28	
OB85	程序故障	25，28	
OB86	扩展机架、DP 主站系统或分布式 I/O 从站故障	25，28	
OB87	通信故障	25，28	
OB88	过程中断	28	
OB90	暖/冷启动；删除一个正在 OB90 中执行的块；装载一个 OB90 到 CPU；中止 OB90	29	背景循环
OB100	暖启动	27	启动
OB101	热启动	27	
OB102	冷启动	27	
OB121	编程故障	引起故障的 OB 的优先级	同步故障中断
OB122	I/O 访问故障	引起故障的 OB 的优先级	

OB1 用于循环处理,是用户程序中的主程序。操作系统在每一次循环中调用一次 OB1。

2. 事件中断处理

中断用来实现对特殊内部事件或外部事件的快速响应。如果没有中断,则 CPU 循环执行组织块 OB1,因为除了背景组织块 OB90 以外,OB1 的中断优先级最低;CPU 检测到中断源的中断请求时,操作系统在执行完当前程序的当前指令(即断点处)后,立即响应中断。CPU 暂停正在执行的程序后,调用中断源的中断组织块 OB,待执行完中断组织块后,再返回到被中断的程序断点处继续执行原来的程序。中断组织块不是由逻辑块调用的,而是在中断事件发生时由操作系统调用的。中断组织块中的程序由用户编写。

有中断事件发生时,如果没有下载对应的组织块,CPU 将会进入"STOP"模式。如果用户希望忽略某个中断事件,则可以生成一个和下载对应的空的组织块,即使出现该中断事件,CPU 也不会进入"STOP"模式。

中断源类型主要有 I/O 模块的硬件中断和软件中断,如时间中断、延时中断、循环中断和编程错误引起的中断等。

3．中断的优先级

OB 按触发事件分为几个级别，这些级别有不同的优先级(见表 2-3-1)。如果在执行中断程序(组织块)时，又检测到中断请求，CPU 将比较两个中断的优先级。如果优先级相同，就按照产生中断请求的先后次序进行处理。如果后者的优先级比正在执行的 OB 优先级高，将中止当前正在处理的 OB，改为调用较高优先级的 OB。这种处理方式称为中断程序的嵌套调用。

4．组织块的启动信息

每个组织块的局部数据区都有 20B 的临时变量(TEMP)，它们提供了触发该 OB 的事件信息，这些信息在 OB 启动时由操作系统提供(见表 2-3-2)。

表 2-3-2　组织块的启动信息

局部变量字节	含　义	启动信息分类	说　明
0/1	启动事件	序列号	管理信息
2/3	优先级	OB 号	
4/5	局部变量字节 8、9、10、11 的数据格式		启动信息
6/7	附加信息 1(例如，中断模块的起始地址)		
8/9	附加信息 2(例如，中断状态)		
10/11	附加信息 3(例如，通道号码)		
12/13	年	月	启动时间
14/15	日	小时	
16/17	分钟	秒	
18/19	1/10 s，1/100 s	1/1000 s，星期	

二、循环中断组织块

1．循环中断

循环中断(看门狗)用于以一定的间隔执行程序块。在 S7-300 PLC 中，循环中断组织块为 OB35，它的缺省调用时间为 100 ms(其余见表 2-3-3)，其允许的设定范围为 1 ms～1 min。在 S7-400 PLC 中有 9 种不同的循环中断组织块 (OB30～OB38)。

表 2-3-3　循环中断组织块的时间间隔及优先级

OB 号	时间间隔	优先级	OB 号	时间间隔	优先级
OB30	5 s	7	OB35	100 ms	12
OB31	2 s	8	OB36	50 ms	13
OB32	1 s	9	OB37	20 ms	14
OB33	500 ms	10	OB38	10 ms	15
OB34	200 ns	11			

2．启动时刻

当一个时间控制中断被激活后，应以"启动时刻"为参考点设定中断的时间间隔。每次 CPU 从"STOP"模式切换为"RUN"模式的时刻为启动时刻。

3．时间间隔

必须保证所定义的时间间隔大于组织块中程序的执行时间。操作系统在设定的间隔后调用 OB35 时，如果上一次执行的 OB35 仍未结束，则操作系统将调用 OB80(循环中断错误)。

三、日期时间中断组织块

日期时间中断可以在某一特定的日期时间执行一次，也可以从设定的日期时间开始，周期性地重复执行，例如每分钟、每小时、每天、甚至每年执行一次。

日期时间中断组织块有 OB10～OB17，共 8 个。CPU318 只能使用 OB10 和 OB11，其余的 S7-300 CPU 只能使用 OB10。S7-400 可以使用的日期时间中断 OB(OB10～OB17)个数与 CPU 的型号有关。

1．基于硬件组态的时间中断

要求设置的日期和时间到达时，用 Q0.1 自动启动某台设备。用新建项目向导生成一个名为"OB10_y"的项目，CPU 模块的型号为 CPU314C-2 DP。

打开硬件组态工具 HW Config，双击 CPU，打开 CPU 对话框，在"时间中断"选项卡中设置执行启动设备的日期和时间，执行方式改为"一次"，用复选框激活中断，按"确定"按钮结束设置，见图 2-3-1。单击工具栏上的 🖳 按钮，保存和编译组态信息。

图 2-3-1　组态时间中断

在 SIMATIC Manager 窗口中生成 OB10 程序，如图 2-3-2 所示。

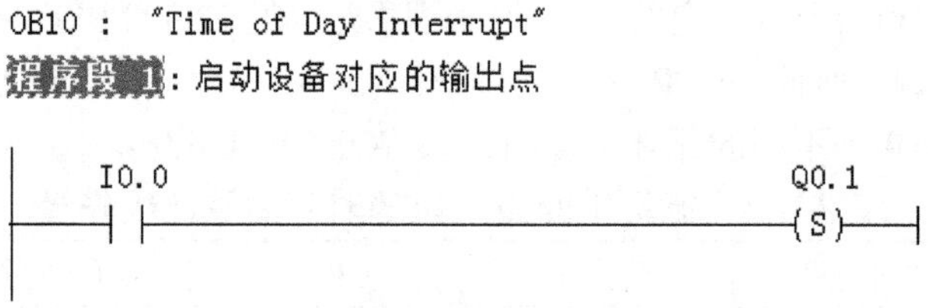

OB10 : "Time of Day Interrupt"
程序段 1：启动设备对应的输出点

```
     I0.0                                          Q0.1
    ──┤ ├──                                       ──( S )──
```

图 2-3-2　OB10 程序

在 OB1 中编写设备复位的程序，见图 2-3-3。

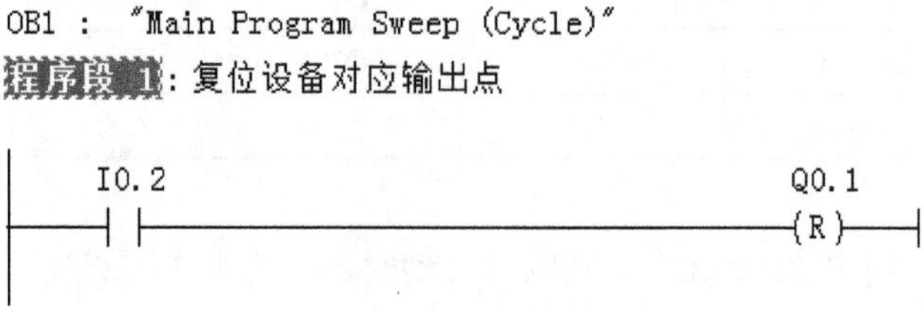

OB1 : "Main Program Sweep (Cycle)"
程序段 1：复位设备对应输出点

```
     I0.2                                          Q0.1
    ──┤ ├──                                       ──( R )──
```

图 2-3-3　OB1 程序

打开仿真工具 PLCSIM，下载所有的块和系统数据后，将仿真 PLC 切换到"RUN"或"RUN-P"模式，可以看到 I0.0 接通后 Q0.1 不会接通，直到达到设定的时间和日期时，Q0.1 才会变为"1"状态。

2. 用 SFC 控制时间中断

除了在硬件组态工具中设置和激活中断之外，也可以在用户程序中调用系统功能来完成。系统功能 SFC28 SET_TINT 用于设置日期时间中断的开始时间和周期，系统功能 SFC30 ACT_TINT 则用于激活日期时间中断，系统功能 SFC29 ACT_TINT 可以取消当前运行的日期时间中断。如果已取消的日期时间中断要再次使用，则必须使用 SFC28 SET_TINT 重新设置开始时间。同样，还必须使用 SFC30 ACT_TINT 再次激活日期时间中断。日期时间中断只能在 CPU 处于"RUN"模式时才能执行。如果日期时间中断是在 CPU 启动程序中激活的，那么它只能等到 CPU 进入"RUN"模式时才能进行启动。

想要查询设置了哪些日期时间中断，以及这些中断什么时间发生，可以调用 SFC 31 "QRY_TINT"来完成。SFC31 输出的状态字节 STATUS 如表 2-3-4 所示。

表 2-3-4 SFC31 输出的状态字节 STATUS

位	取 值	意 义
0	0	日期时间中断已被激活
1	0	允许新的日期时间中断
2	0	日期时间中断未被激活或时间已过去
3	0	—
4	0	没有装载日期时间中断组织块
5	0	日期时间中断组织块的执行没有被激活的测试功能禁止
6	0	以基准时间为日期时间中断的基准
7	1	以本地时间为日期时间中断的基准

如图 2-3-4 所示，从 2017 年 6 月 10 日 9 时开始，CPU 每隔一分钟检测原料罐的温度，若罐的温度低于下限值(模拟量输入 PIW304=+13 000)，则开启加热装置；若罐的温度高于上限值(模拟量输入 PIW304=+14 000)，则关闭加热装置(加热器由 Q4.7 输出控制)。I0.0 的上升沿启动日期时间中断，I0.1 取消日期时间中断。

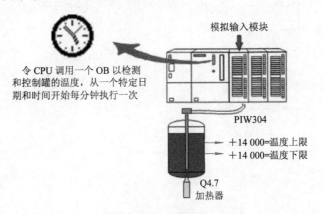

图 2-3-4 温度检测系统示意图

用新建项目向导生成一个名为"OB10_r"的项目。编写主程序 OB1，如图 2-3-5 所示，IEC 功能 FC3 的"D_TOD_DT"用于合并日期和时间值，它保存在程序编辑器左边窗口的文件夹"\库\Standard Library\IEC Function Block"中。生成 OB1 的临时局部变量(TEMP)"DT1"，其数据类型为 Date_And_Time，FC3 的执行结果保存在 DT1 中。

OB1 : "Main Program Sweep (Cycle)"

程序段1：查询日期时间中断OB10状态，状态字返回到MW16中，MB17为低字节

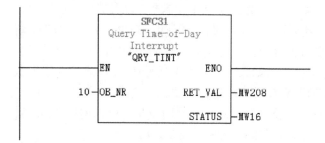

```
              SFC31
         Query Time-of-Day
            Interrupt
           "QRY_TINT"
      ─EN              ENO─
   10─OB_NR        RET_VAL─MW208
                    STATUS─MW16
```

程序段 2：使用IEC功能FC3将日期和时间合并

```
                    FC3
              Date and TOD to DT
                "D_TOD_DT"
           ─EN              ENO─
  D#2017-6-
        10─IN1         RET_VAL─#DT1
  TOD#9:0:0.
       000─IN2
```

程序段 3：I0.0上升沿设置和激活日期时间中断

```
                         SFC28                              SFC30
                     Set Time-of-Day                      Activate
                       Interrupt                        Time-of-Day
  I0.0    M1.0          "SET_TINT"                        Interrupt
  ─┤ ├────(P)────────┬─EN         ENO─────────────────────"ACT_TINT"
                     │                              ─EN              ENO─
                  10─OB_NR    RET_VAL─MW200      10─OB_NR        RET_VAL─MW204
           #DT1
          ─#DT1─SDT
        W#16#201─PERIOD
```

程序段 4：I0.1上升沿取消日期时间中断

```
                         SFC29
                     Cancel Time-of-Day
                       Interrupt
  I0.1    M1.1          "CAN_TINT"
  ─┤ ├────(P)────────┬─EN         ENO─
                  10─OB_NR    RET_VAL─MW210
```

图 2-3-5　OB1 程序

在 SIMATIC Manager 窗口中生成 OB10 程序, 如图 2-3-6 所示。

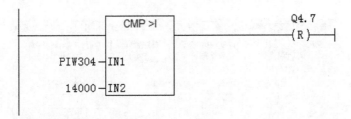

OB10 : "Time of Day Interrupt"

程序段 1: 当温度高于14000时, 复位Q4.7, 停止加热

程序段 2: 当温度低于13000时, 置位Q4.7, 开始加热

图 2-3-6 OB10 程序

打开仿真工具 PLCSIM, 下载所有的块和系统数据后, 将仿真 PLC 切换到 "RUN" 或 "RUN-P" 模式, 将 I0.0 置位, 以激活日期时间中断 OB10, M17.2 表示 OB10 已激活, M17.4 表示 OB10 已被装载。设置 PIW 的值, 当 PIW 值小于 13000 时, Q4.7 复位。若 I0.1 置位, 则取消日期时间中断 OB10, 此时 M17.2 也会变为无效状态, 如图 2-3-7 所示。

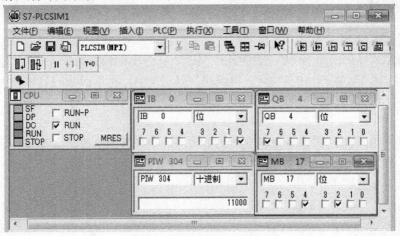

图 2-3-7 程序运行结果

【任务实施】

一、创建项目与硬件组态

创建停车场车道指引灯的启动控制的 S7 项目, 并命名为 "车道指引灯控制"。完成硬

件组态，CPU 315 选取 6ES7 315-1AF00-0AB0，DI 6ES7 321-1BH00-0AA0、DO 6ES7 322-1FH00-0AA0。双击硬件组态工具 HW Config 中的 CPU，打开 CPU 属性对话框，如图 2-3-8 所示，将"循环中断"选项卡中的"OB35"默认值 100 ms 修改为 1000 ms，保存后编译。

图 2-3-8　组态循环中断

相对偏移量(默认值为 0)用于错开 S7-300 不同时间间隔的几个循环中断 OB，使它们不会被同时执行，以减少连续执行多个循环中断 OB 的时间。

二、编写程序

1. OB100 程序

在 SIMATIC Manager 窗口中右键单击"块"，在弹出的快捷菜单中执行"插入新对象"→"组织块"命令，在弹出的"属性-组织块"对话框中，将组织块的名称改为"OB100"，设置创建语言为"LAD(梯形图)"。单击"确定"按钮后，在 SIMATIC Manager 右边窗口出现 OB100。

双击打开 OB100，编写 OB100 的程序，如图 2-3-9 所示。第一个 MOVE 指令将 MD0 清零，第二个 MOVE 指令将 MB0 的初值置为 W#16#1F，即低 5 位置 1，其余各位为 0，控制每次相邻 5 盏灯亮。

OB100 : "Complete Restart"
程序段 1：初始化

图 2-3-9　OB100 程序

2. OB35 程序

插入 OB35 程序后，双击打开程序，如图 2-3-10 所示。

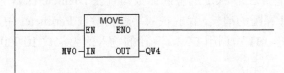

图 2-3-10 OB35 程序

3. OB1 中禁止和激活硬件中断

SFC40 的 "EN_IRT" 和 SFC39 的 "DIS_IRT" 分别用于激活和禁止中断及异步错误的系统功能。它们的参数 MODE 为 2 时激活指定的 OB 编号对应的中断，MODE 必须用十六进制数设置。OB_NR 是中断的编号。

打开 OB1 编写激活和禁止循环中断程序，如图 2-3-11 所示。在 I0.1 的上升沿调用 SFC40 的 "EN_IRT" 以激活 OB35 对应的循环中断，在 I0.2 的上升沿调用 SFC39 的 "DIS_IRT" 以禁止 OB35 对应的循环中断。

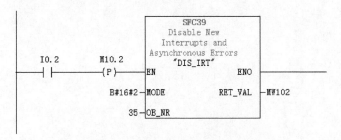

图 2-3-11 OB1 激活和禁止循环中断的程序

4．仿真

打开仿真软件 PLCSIM，下载系统数据和所有的块后，切换到"RUN-P"模式，CPU调用 OB100，MB0 低 5 位被设置为 1。OB35 被自动激活，CPU 每 1 s 调用一次 OB35，QW4的值每 1 s 循环左移 1 位。

单击两次 I0.2 对应的小方框，在 I0.2 的上升沿，循环中断被禁止，CPU 不再调用 OB35，QW4 的值固定不变。单击两次 I0.3 对应的小方框，在 I0.3 的上升沿，循环中断被激活，QW4 的值又开始循环移位。

【课后实践】

1．设计求圆周长的功能 FC2，FC2 的输入参数为直径 Diameter(INT 整数)，圆周率为3.14159，用整数运算指令计算圆的周长，存放在双字输出参数 Perimeter 中。TEMP1 是 FC2中的双字临时局部变量。在 OB1 中调用 FC2，直径的输入值为常数 10 000，存放周期长的地址为 MD8。

2．有一工业用洗衣机，控制要求如下：

(1) 按启动按钮后给水阀开始给水→当水满传感器动作时停止给水→波轮正转5 s，再反转 5 s，然后再正转 5 s，如此反复转动 5 min→出水阀开始出水→出水 10 s 后停止出水，同时声光报警器报警，提示工作人员来取衣服。

(2) 按停止按钮声光报警器停止，并结束工作过程。

要求：分配 I/O 口，设计梯形图。

项目三　交通灯控制系统

【项目导入】

　　作为一种交通规则的指示，交通灯起着极其重要的作用。由于 PLC 具有对使用环境适应性强的特性，同时其内部定时器资源十分丰富，可对目前普遍使用的"渐进式"信号灯进行精确控制，特别是对多岔路口的控制可方便地实现，因此现在越来越多地将 PLC 应用于交通灯系统中。本项目利用 S7-300 PLC 实现交通灯的控制，首先利用置位、复位指令设计顺序控制程序，然后利用顺序功能图语言 S7 GRAPH 设计顺序控制程序。

任务 1　交通灯顺序控制的置位、复位指令编程

【任务描述】

　　信号灯由控制盘总体控制，按一下启动按钮，信号灯系统开始工作，并周而复始地循环动作；按一下停止按钮，执行完该周期后信号灯全部熄灭。信号灯具体控制要求如表 3-1-1 所示，编写信号灯控制程序。

表 3-1-1　信号灯具体控制要求

南北方向	信号	SN_G 亮	SN_G 闪	SN_Y 亮	SN_R 亮		
	时间	45 s	3 s	2 s	30 s		
东西方向	信号	EW_R 亮			EW_G 亮	EW_G 闪	EW_Y 亮
	时间	50 s			25 s	3 s	2 s

【知识导航】

一、顺序控制设计法

　　用经验设计法设计梯形图时，没有一套固定的方法和步骤可以遵循，具有很大的试探性和随意性，对于不同的控制系统，没有一种通用的容易掌握的设计方法。在设计复杂系统的梯形图时，用大量的中间单元来完成记忆、联锁和互锁等功能，由于需要考虑的因素很多，它们往往又交织在一起，分析起来非常困难，一般不可能把所有问题都考虑得很周到。程序设计出来以后，需要模拟调试或在现场调试，发现问题后再针对问题对程序进行修改。

顺序控制是在生产过程中按照生产工艺预先规定的顺序，在各个输入信号的作用下，根据内部状态和时间的顺序，各个执行机构自动地、有秩序地进行操作。

顺序功能图(Sequential Function Chart，SFC)是描述顺序控制系统的控制过程、功能和特性的一种图形，也是设计 PLC 顺序控制程序的有力工具。

针对于顺序功能图的 IEC61131-3 标准中的编程语言，我国早在 1986 年就颁布了顺序功能图的国家标准 GB 6988.6—1986。有的 PLC 为用户提供了顺序功能图语言，例如 S7-300/400 的 S7-GRAPH 语言，在编程软件中生成顺序功能图后便完成了编程工作。

顺序控制设计法很容易被初学者接受，对于有经验的工程师，能提高设计的效率，并且便于程序的调试、修改和阅读。只要正确地画出描述系统工作过程的顺序功能图，顺序控制程序一般都可以做到试车一次成功。

二、顺序功能图

1. 步的基本概念

顺序控制设计法将系统的一个工作周期划分为若干个顺序相连的阶段(步，Step)，用编程元件(例如 M)来代表各步。步是根据输出量的状态变化来划分的，在任何一步内输出量的状态不变，相邻两步输出量总的状态是不同的，步与各输出量有着极为简单的逻辑关系。

使系统由当前步进入下一步的信号称为转换条件。顺序控制设计法用转换条件控制代表各步的编程元件，让它们的状态按一定的顺序变化，然后用代表各步的编程元件去控制输出。

顺序功能图主要由步、动作、有向线段、转换和转换条件组成。

图 3-1-1 是某液压动力滑台的进给示意图和输入/输出信号的时序图。

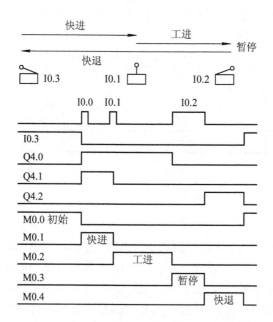

图 3-1-1　液压动力滑台的进给示意图和输入/输出信号的时序图

设动力滑台在初始位置时停在左边，限位开关 I0.3 为"1"状态，Q4.0～Q4.2 是控制动力滑台运动的 3 个电磁阀。按下启动按钮后，动力滑台的一个工作周期由快速进给(简称为快进)、工作进给(简称为工进)、暂停和快速退回(简称为快退)组成，返回初始位置后停止运动。根据 Q4.0～Q4.2 的"0"、"1"状态的变化，除了设置快进、工进、暂停和快退这 4 步外，还应设置等待启动的初始步，分别用 M0.0～M0.4 来表示。图 3-1-2 是描述该系统的顺序功能图，用矩形框表示步，用代表各步的存储器位的地址作为步的代号，如 M0.0 等，这样在根据顺序功能图设计梯形图时较为方便。

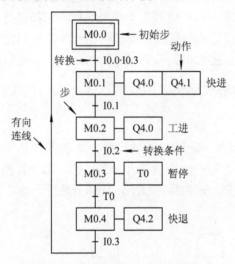

图 3-1-2　液压动力滑台的顺序功能图

2. 初始步

与系统的初始状态相对应的步称为初始步。初始状态一般是系统等待启动命令的相对静止的状态。初始步用双线方框表示，每一个顺序功能图至少有一个初始步。

3. 活动步

当系统处于步所在阶段时，该步处于活动状态，称该步为活动步。步处于活动状态时，相应的动作被执行；步处于不活动状态时，相应的非存储型命令被停止执行。

4. 与步对应的动作或命令

"动作"是指某步处于活动状态时，PLC 向被控对象发出的命令，或被控对象应执行的动作。动作用矩形框中的文字或符号表示，该矩形框应与相应步的矩形框相连接。如果某一步有几个动作，则可以用图 3-1-3 所示的两种画法来表示，但是并不反映这些动作之间有先后顺序。

图 3-1-3　动作的两种画法

5. 有向连线与转换

步与步之间用有向连线连接，并且用转换将步分开，步的活动状态进展是按有向连线规定的路线进行的。有向连线上无箭头标注时，其进展方向默认为从上到下或从左到右，否则按有向连线上箭头注明的方向进行。

步的活动状态进展由转换完成。步与步之间不能直接相连，必须由转换隔开，而转换与转换之间也同样不能直接相连，必须由步隔开。

6. 转换条件

转换用有向连线上与有向连线垂直的短画线来表示。转换将相邻两步分隔开。步的活动状态的进展是由转换的实现来完成的，并与控制过程的发展相对应。

使系统由当前步进入下一步的信号称为转换条件，转换条件可以是外部的输入信号，例如按钮、指令开关、限位开关的接通和断开等；也可以是 PLC 内产生的信号，例如定时器、计数器触点的通断等；还可以是若干信号的与、或、非逻辑组合。

三、顺序功能图的基本结构

1. 单序列

从头到尾只有一条流程(一条支路)的结构称为单序列结构，见图 3-1-4(a)。

单序列结构的特点是：每一步后面只有一个转换，每个转换后面只有一步。各个步按顺序执行，上一步执行结束，转换条件成立，立即开通下一步，同时关断上一步。

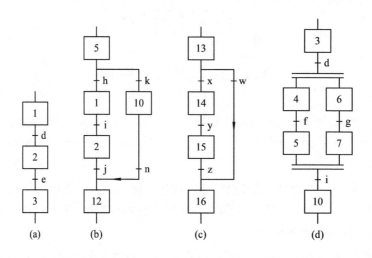

图 3-1-4　单序列、选择分支与并行分支

2. 选择分支

由两条及以上的分支组成，从多个分支流程中选择某一个分支执行称为选择分支，见图 3-1-4(b)和(c)。各分支都有各自的转换条件，分支开始处转换条件的短画线只能标在水平线之下，分支汇合处的转换条件的短画线只能标在水平线上方。

选择分支与汇合结构的特点是：当有多条路径可选择时，只允许选择其中一条路径来执行。选择哪条路径取决于哪一条路径的转换条件首先变为 1。在图 3-1-4 (b)中，步 5 后有 2 条分支，分支成立条件分别为 h 和 k，哪个条件满足，则选择相应的分支。如若 h=1，则执行步 8，当 j=1 时，由步 9 转换到步 12；若 k=1，则执行步 10，当 n=1 时，由步 10 转换到步 12。也即选择分支合并时，无论选择步 8 还是步 10 分支，最终均汇合到步 12。

3. 并行分支

并行分支由两个及以上的分支组成，当某个条件满足后多个分支同时执行。为了强调转换的同步实现，并行分支开始与汇合处的水平连线用双水平线表示，见图 3-1-4(d)。

并行分支与汇合结构的特点是：若有多条路径，且必须同时执行，则在各条路径都执行后，才会继续往下执行。在图 3-1-4(d)中，步 3 后有两条分支，并行分支开始是指当转换条件 e=1 时，两分支步 4 和步 6 同时执行，步 3 必须在步 4 和步 6 都开启后才能关断。并行分支汇合是指当步 5 和步 7 都为活动步，且转换条件 i=1 时，开启步 10，同时关断步 5 和步 7。

在实际控制系统中，顺序功能图往往不是单一地含有上述某一种结构，而是各种结构的组合。

四、顺序功能图中转换实现的基本规则

1. 转换实现的条件

在顺序功能图中，步的活动状态的进展是由转换实现来完成的。转换实现必须同时满足两个条件：

(1) 转换所有的前级步都是活动步；

(2) 相应的转换条件得到满足。

如果转换的前级步或后续步不止一个，则称为转换的同步实现(见图 3-1-5)。为了强调同步实现，有向连线的水平部分用双线表示。

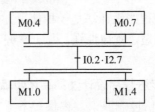

图 3-1-5　转换的同步实现

2. 转换实现应完成的操作

转换实现应完成以下两个操作：

(1) 使所有由有向连线与相应转换符号相连的后续步都变为活动步；

(2) 使所有由有向连线与相应转换符号相连的前级步都变为不活动步。

3. 绘制顺序功能图的注意事项

(1) 两个步绝对不能直接相连，必须用一个转换将它们隔开。

(2) 两个转换也不能直接相连，必须用一个步将它们隔开。

(3) 顺序功能图中的初始步对应于系统等待启动的初始状态，初始步是必不可少的。

(4) 顺序功能图中一般应有由步和有向连线组成的闭环。

4. 顺序控制设计法的本质

经验设计法实际上是试图用输入信号 I 直接控制输出信号 Q(见图 3-1-6(a))，如果无法直接控制，或者为了实现记忆、联锁、互锁等功能，就只能被动地增加一些辅助元件和辅

助触点。由于不同的控制系统的输出量 Q 与输入量 I 之间的关系各不相同，以及它们对联锁、互锁的要求千变万化，因而不可能找出一种简单通用的设计方法。

图 3-1-6　信号关系图

顺序控制设计法则是用输入量 I 控制代表各步的位地址(例如存储器位 M)，再用它们控制输出量 Q(见图 3-1-6(b))。步是根据输出量 Q 的状态划分的，M 和 Q 之间具有很简单的逻辑关系，输出电路的设计也极为简单。任何复杂系统的代表步的存储器位 M 的控制电路的设计方法都是相同的，并且很容易掌握，所以顺序控制设计法具有简单、规范、通用的优点。由于 M 是依次顺序变为"1"状态的，因此实际上已经基本解决了经验设计法中的记忆、联锁等问题。

五、顺序控制的置位、复位指令编程

现在还有相当多的 PLC(包括 S7-200 和 S7-1200)没有配备顺序功能图语言，所以可以用顺序功能图来描述系统的功能，根据它来设计梯形图程序。本任务介绍置位、复位指令的通用编程方法——置位、复位状态继电器步进程序设计法，下一任务介绍 S7-GRAPH 的使用方法。

置位、复位状态继电器步进程序设计法是一种使用置位、复位指令的系统化的简易设计方法，它简单易学，设计周期短，规律性强，易于掌握，并且适用于各种类型的 PLC，是一种较好的设计方法。

1. 置位、复位状态继电器步进程序设计法的具体步骤

(1) 分析工作流程。仔细分析控制要求，将每一个控制要求细化为若干个独立的不可再分的状态，按照动作的先后顺序，将状态一一串在一起，形成工作流程。

(2) 画出状态转移图。每个状态使用一个状态继电器作为状态元件，确定状态的驱动任务、转移条件、转移目标。

(3) 程序的结构分为置位、复位状态继电器控制部分和结果输出两部分。置位、复位状态继电器部分控制状态的执行顺序，结果输出由相应的状态继电器驱动输出继电器完成。

2. 置位、复位状态继电器步进程序设计法的优点

(1) 系统化设计，工艺步进流程清晰、明确。

(2) 结构化设计，将梯形图分为置位、复位状态继电器状态控制和结果输出两部分，结构层次分明，可读性好。

(3) 每个状态的梯形图相似，便于检查、修改和调试。

(4) 简单易学，设计时间短，实用性强。

3. 置位、复位状态继电器步进程序设计法的应用

1) 用置位、复位指令实现的状态转移控制

置位、复位状态继电器控制工序部分依靠置位、复位指令实现；进入状态、状态转移使用置位指令；退出状态使用复位指令。

2) 用置位、复位指令实现的状态转移控制的操作

(1) 应用复位指令复位上一步状态。

(2) 应用输出驱动指令驱动输出。

(3) 转移条件满足时，应用置位指令转移到下一步。

4. 使用置位、复位指令的顺序控制程序

使用置位、复位指令的顺序控制梯形图编程方法又称为以转换为中心的编程方法。图3-1-7 给出了顺序功能图与梯形图的对应关系。

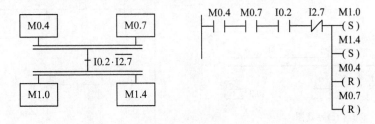

图 3-1-7　顺序功能图与梯形图的对应关系

实现图 3-1-7 中的转换需要同时满足以下两个条件：

(1) 转换所有的前级步都是活动步，即 M0.4 和 M0.7 均为 "1" 状态，M0.4 和 M0.7 的常开触点同时闭合。

(2) 转换条件 $I0.2 \cdot \overline{I2.7}$ 满足，即 I0.2 的常开触点和 I2.7 的常闭触点组成的串联电路接通。

在梯形图中，M0.4、M0.7、I0.2 的常开触点和 I2.7 的常闭触点组成的串联电路接通时，上述两个条件同时满足，应执行下述的两个操作：

(1) 将该转换的所有后续步变为活动步，即将代表后续步的存储器位变为 "1" 状态，并使它保持为 "1" 状态。这一要求刚好可以用有保持功能的置位指令(S 指令)来完成。

(2) 将该转换的所有前级步变为不活动步，即将代表后续步的存储器位变为 "0" 状态，并使它保持为 "0" 状态。这一要求刚好可以用复位指令(R 指令)来完成。

这种编程方法与转换实现的基本规则之间有着严格的对应关系，在任何情况下，代表步的存储器位的控制电路都可以用统一的规则来设计，每一个转换对应一个控制置位和复位的程序段，有多少个转换就有多少个这样的程序段。这种编程方法很有规律，在设计复杂的顺序功能图时既容易掌握，又不容易出错，尤其是在编制复杂的顺序功能图的梯形图时，更能显示出其优越性。

任何一种 PLC 的指令系统都有置位、复位指令，因此这是一种通用的编程方法，可以用于任意型号的 PLC。

5. 使用置位、复位指令的顺序控制梯形图编程

1) 单流程的编程方法

图 3-1-8 给出了液压动力滑台的进给运动示意图、顺序功能图、OB100 中的程序和梯形图。在初始状态时动力滑台停在左边，限位开关 I0.3 为 "1" 状态。按下启动按钮 I0.0，液压动力滑台在各步中分别实现快进、工进、暂停和快退，最后返回初始位置和初始步后停止运动。

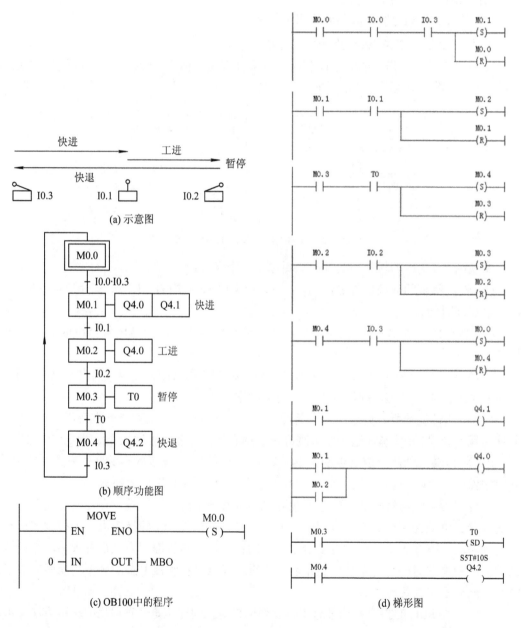

图 3-1-8　液压动力滑台的进给运动示意图、顺序功能图、OB100 中的程序和梯形图

(1) 初始化程序。

图 3-1-8(c)是液压动力滑台系统的初始化组织块 OB100 中的程序，在 PLC 上电或由"STOP"模式切换到"RUN"模式时，CPU 调用初始化组织块 OB100。MOVE 指令将 M0.0～M0.7 复位，然后用 S 将 M0.0 置位为 0，初始步变为活动步。

(2) 控制电路的编程方法。

图 3-1-8(d)是 OB1 中的顺序控制梯形图。以转换条件 I0.1 对应的电路为例，I0.1 转换的前级步为 M0.1，后续步为 M0.2，所以用 M0.1 和 I0.1 的常开触点组成的串联电路来控制对后续步 I0.2 的置位和对前级步 M0.1 的复位。每一个转换对应一个这样的"标准"程序段，有多少个转换就有多少这样的程序段。设计时应注意不要遗漏某一转换对应的程序段。

在快进步，M0.1 一直为"1"状态，其常开触点闭合。滑台碰到中限位开关时，I0.1 的常开触点闭合，由 M0.1 和 I0.1 的常开触点组成的串联电路接通，使 M0.1 复位。在下一个扫描周期，M0.1 的常开触点断开。由以上的分析可知，控制置位和复位的电路只能接通一个扫描周期，因此必须用有记忆功能的电路来控制代表步的存储器位。

(3) 输出电路的编程方法。

步是根据输出变量的状态变化来划分的，它们之间的关系极为简单，可以分为两种情况来处理。

① 某一输出量仅在某一步中为"1"状态，如图 3-1-8 中的 Q4.1、T0 和 Q4.2 就属于这种情况，可以用它们所在的步对应的存储器位的常开触点来控制它们的线圈。例如，用 M0.1 的常开触点控制 Q4.1 的线圈，用 M0.3 的常开触点控制 T0 的线圈。

② 如果某一输出在几步中都为"1"状态，则将代表各有关步的存储器位的常开触点并联后，驱动该输出的线圈。图 3-1-8 中 Q4.0 在 M0.1 和 M0.2 这两步均应工作，所以用 M0.1 和 M0.2 的常开触点组成的并联电路来驱动 Q4.0 的线圈。

使用这种编程方法时，不能将过程映像输出位 Q 的线圈与置位指令和复位指令并联，因为前级步和转换条件对应的串联电路接通的时间只能有个一扫描周期，而输出位的线圈一般应该在某一步对应的全部时间内被接通，所以应根据顺序功能图，用代表步的存储器位的常开触点或它们的并联电路来驱动输出位的线圈。

2) 选择序列与并行序列的编程方法

(1) 选择序列的编程方法。

如果某一转换与并行序列的分支、合并无关，那么单从转换的立场看，它只有一个前级步和一个后续步，需要复位、置位的存储器位也只有一个，因此与选择序列的分支、合并有关的转换其编程方法实际上与单流程完全相同。

在图 3-1-9 所示的顺序功能图和梯形图中，除了 I0.3 和 I0.6 对应的转换以外，其余的转换均与并行序列的分支、合并无关，I0.0～I0.2 对应的转换与选择序列的分支、合并有关，它们都只有一个前级步和一个后续步。与并行序列无关的转换对应的梯形图是非常标准的，每一个控制置位、复位的电路块都由一个前级步对应的存储器位和转换条件对应的触点组成的串联电路、对一个后续步的置位指令和一个前级步的复位指令组成。OB100 的程序与"动力换台顺序控制"相同。

(2) 并行序列的编程方法。

图 3-1-9 为步 M0.2 之后的一个并行序列的分支，当 M0.2 为活动步，并且转换条件 I0.3 满足时，步 M0.3 与步 M0.5 应同时变为活动步，这是用 M0.2 和 I0.3 的常开触点组成的串联电路使 M0.3 和 M0.5 同时置位来实现的。与此同时，步 M0.2 应变为不活动步，这是用复位指令来实现的。

I0.6 对应的转换之前有一个并行序列的合并，该转换实现的条件是所有的前级步(即 M0.4 和 M0.6)都是活动步和满足转换条件 I0.6。由此可知，应将 M0.4、M0.6 和 I0.6 的常开触点串联，作为使后续步 M0.0 置位和使前级步 M0.4、M0.6 复位的条件。

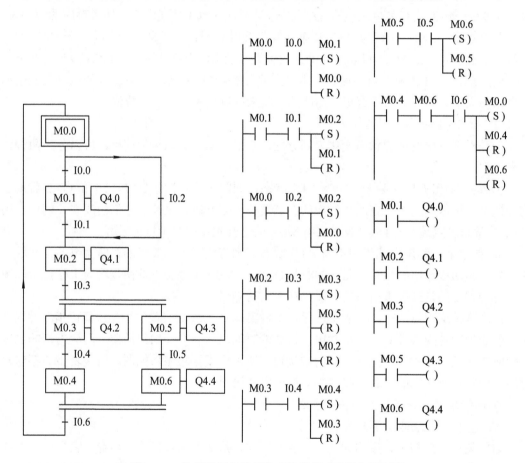

图 3-1-9　选择序列与并行序列的顺序功能图与梯形图

【任务实施】

一、顺序功能图

根据系统的工艺过程画出顺序功能图，如图 3-1-10 所示。

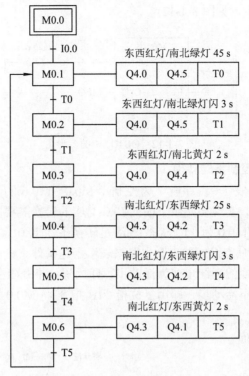

图 3-1-10 交通灯的顺序功能图

二、创建项目与硬件组态

用新建项目向导生成一个名为"交通灯梯形图编程"的项目，CPU 为 CPU 315-2 DP，完成硬件组态。其符号编辑表见图 3-1-11。

	状态	符号	地址		数据类型
1		COMPLETE RESTART	OB	100	OB ...
2		Cycle Execution	OB	1	OB ...
3		启动	I	0.0	BOOL
4		停止	I	0.1	BOOL
5		东西红	Q	4.0	BOOL
6		东西黄	Q	4.1	BOOL
7		东西绿	Q	4.2	BOOL
8		南北红	Q	4.3	BOOL
9		南北黄	Q	4.4	BOOL
1		南北绿	Q	4.5	BOOL

图 3-1-11 符号表

三、编写程序

1. OB100 程序——初始化

执行 SIMATIC Manager 窗口的菜单命令"插入"→"S7 块"→"组织块"，将组织块的名称改为"OB100"，单击"确定"按钮确认。

双击打开 OB100，用 MOVE 指令将顺序功能图中的各步(M0.0～M0.6)清零，然后将初始步 M0.0 置位为活动步，见图 3-1-12。

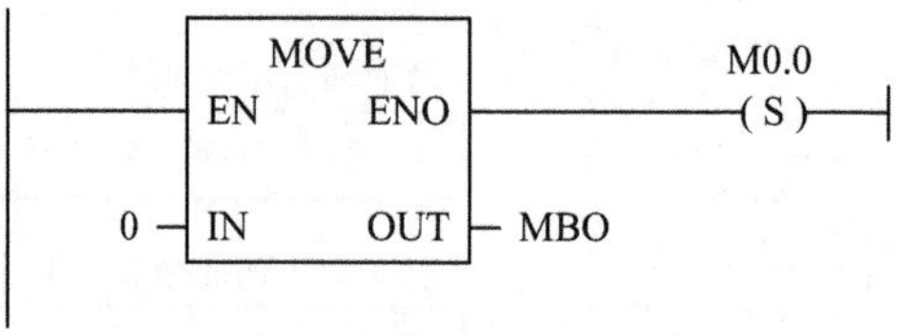

图 3-1-12　OB100 中的梯形图

2．OB1 程序——控制步的转换

图 3-1-13 中的程序段 1～程序段 7 为控制步 M0.0～M0.6 的置位、复位电路，每个转换对应一个这样的电路。实现初始步下面的 I0.0 对应的转换需要同时满足两个条件，即该转换的前级步是活动步(M0.0 为"1"状态)和满足转换条件(I0.0 为"1"状态)。在梯形图中，用 M0.0 和 I0.0 的常开触点组成的串联电路来表示上述条件。该电路接通时，两个条件同时满足。此时应将该转换的后续步变为活动步，即用置位指令(S 指令)将 M0.1 置位；还应将该转换的前级步变为不活动步，即用复位指令(R 指令)将 M0.0 复位，其他程序段同理。

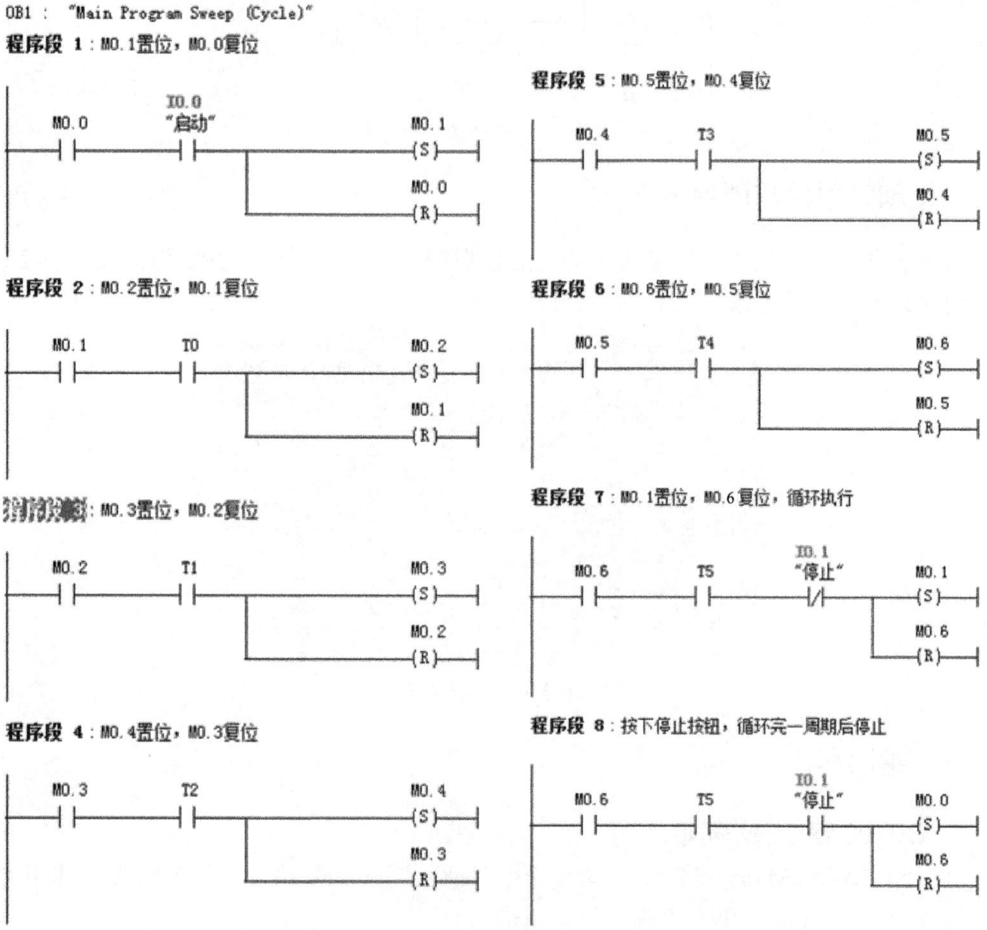

图 3-1-13　控制步的转换

3. OB1 程序——输出电路的处理

根据顺序功能图，用代表步的存储器位的常开触点或它们的并联电路来控制输出位的线圈。其输出电路的处理程序如图 3-1-14 所示。

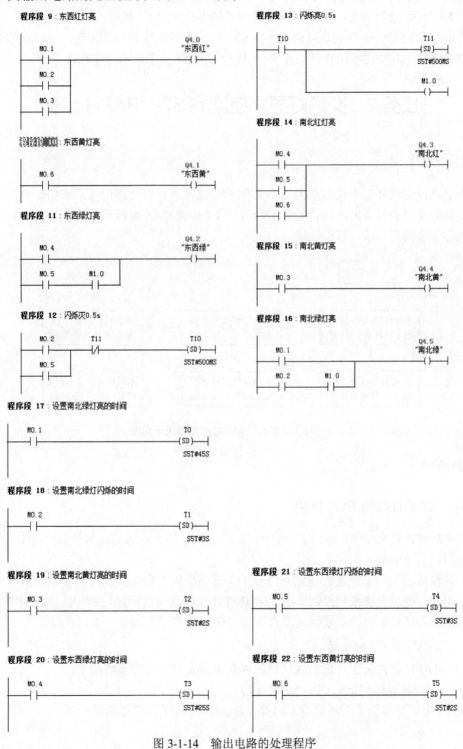

图 3-1-14 输出电路的处理程序

4．程序的调试

打开仿真软件 PLCSIM，生成 IB0、QB4、MB0 的视图对象。将所有的逻辑块下载到仿真 PLC，将仿真 PLC 切换到"RUN-P"模式。由于执行了 OB100 的程序，因此初始步对应的 M0.0 为"1"状态，其余各步对应的存储器位为"0"状态。

单击两次 PLCSIM 中 I0.0 对应的小方框，模拟按下和放开启动按钮，可以观察到程序是按照交通灯的顺序逐步工作的。单击 I0.1，等到循环一个周期后停止。

任务 2　交通灯顺序控制的 S7-GRAPH 编程

【任务描述】

十字路口交通灯工作过程按图 3-2-1 所示的流程进行。交通信号系统由一个启动开关控制，当启动开关接通时，该信号灯系统开始工作，控制过程循环进行。当启动开关关断时，执行完该周期后信号灯都熄灭。

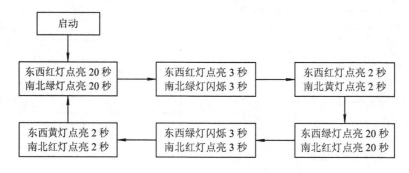

图 3-2-1　交通灯信号灯控制要求示意图

【知识导航】

一、S7-GRAPH 语言介绍

S7-GRAPH 语言是 S7-300 用于顺序控制程序设计的一种语言，遵从 IEC 61131-3 标准中顺序控制语言的规定。

在这种语言中，工艺过程被划分为若干个顺序出现的步，步包含控制输出的动作，步与步之间的转换由转换条件控制。用 S7-GRAPH 表示复杂的顺序控制过程非常清晰，用于编程及故障诊断更为有效，它特别适合于生产制造过程。

1．S7-GGRAPH 的安装

S7-GRAPH 软件属于可选的软件包，需要单独安装。安装步骤如下：

(1) 双击 setup.exe 安装文件，安装开始。

(2) 弹出"安装语言"对话框，选择"English"，如图 3-2-2 所示。

图 3-2-2 选择安装语言

在后面弹出的对话框中点击"下一步"或"是"即可。

(3) 如图 3-2-3 所示，单击"Next"按钮，打开"Readme File"对话框，可以用按钮选择是否阅读说明文件。

在"License Agreement"(许可证协议)对话框中，应选中"I accept…"(我接受许可协议的条款)。在"Transfer License Keys"(传送许可证密钥)对话框中，选中"No, Transfer License Keys Later"(不，以后再传送许可证密钥)。

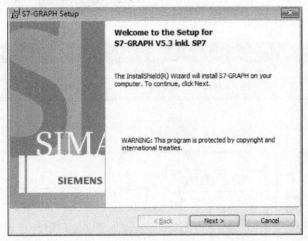

图 3-2-3 安装授权

(4) 在弹出的图 3-2-4 所示的对话框中点击"Finish"按钮，完成安装。

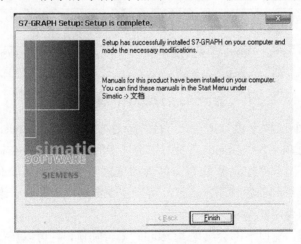

图 3-2-4 完成安装

2. S7-GRAPH 的结构

用 S7-GRAPH 编写的顺序功能图程序以功能块(FB)的形式被主程序 OB1 调用。S7-GRAPH FB 包含许多系统定义的参数，通过参数设置对整个系统进行控制，从而实现系统的初始化和工作方式的转换等功能。

对于一个顺序控制项目至少需要三个块：

(1) 一个调用 S7-GRAPH FB 的块，可以是组织块(OB)、功能(FC)和功能块(FB)。

(2) 一个 S7-GRAPH FB 块，用来描述顺序控制系统的任务及相互关系。

(3) 一个 DB 块，作为背景数据块，保存顺序控制的参数。

其中，一个 S7-GRAPH FB 最多包含 250 步和 250 个转换。

3. S7-GRAPH 编辑器

打开 FB1 后，右边的程序区有自动生成的步 S1 和转换 T1，见图 3-2-5。左边的顺序控制器工具栏可以拖到程序区的任意位置水平放置。单击 ⬛✕ 按钮，可以关闭左边的浏览窗口和下面的详细窗口。

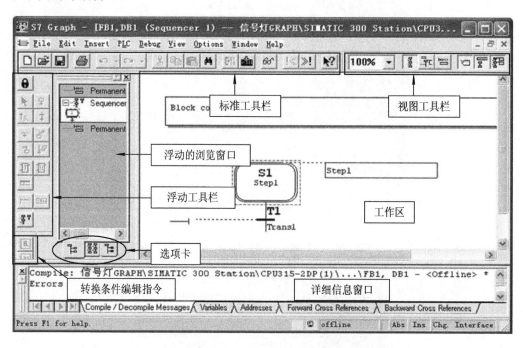

图 3-2-5　S7-GRAPH 编辑器

浏览窗口有三个选项卡："Graphic"(图形)选项卡、"Sequencer"(顺序控制器)和"Variables"(变量选项卡)。"Graphic"(图形)选项卡的中间是顺序控制器，其上下是永久性指令；"Sequencer"(顺序控制器)可以方便地浏览总体结构；"Variables"(变量选项卡)中的变量是编程时可能用到的各种基本元素，可以在变量选项卡定义、编辑和修改变量，系统变量可以删除，但是不能编辑。

在保存和编译时，窗口下部会出现"Details"(详细)窗口，可以获得程序编译时发出的错误和警告信息。该窗口中还有变量、符号地址和交叉参考表选项卡。

使用显示工具栏上的按钮，见图 3-2-6，可以选择显示方式为顺序控制器、单步方式和永久性指令，可以显示或隐藏注释区域、步的条件与动作项、浏览窗口和详细信息窗口。按钮 ▭ 用于切换符号地址和绝对地址显示方式。单击局部显示按钮 ▣，可以将鼠标选中的区域放大。

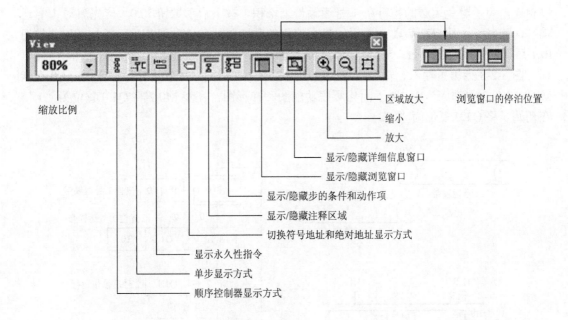

图 3-2-6　显示工具栏

S7-GRAPH 编辑器两种模式：

(1) 直接编辑模式：执行菜单命令"Insert"→"Direct"，进入直接编辑模式。另外，可以点击图 3-2-6 中第一个图标，未按下时为直接编辑模式。在直接编辑模式下，如果希望在某一位置插入新的元件，则首先用鼠标选中该位置，然后在工具条中选择相应的按钮，元件即可被放置到相应的位置。如果想连续插入相同的元件，则可以连续点击来实现。

(2) 拖放编辑模式：执行菜单命令"Insert"→"Drag-and-Drop"，进入拖放编辑模式。另外，选中图 3-2-7 的第一个按钮(按钮按下)，也可进入拖放编辑模式。

在拖放编辑模式下，如果选中工具条上的按钮，则鼠标将带着与被点击的按钮相类似的光标移动。在需要放置的位置，点击一下左键，即可完成放置。在拖动鼠标时，带有"⊘"标识，表示在该位置不能放置；若该图标消失，则表示可以放置。放置完毕，可按下 Esc 键，取消放置。

图 3-2-7　顺序控制器工具栏

二、S7-GRAPH 的应用

1．系统介绍

以运输带控制系统为例，对 S7-GRAPH 的应用作一介绍。图 3-2-8 中的两条运输带顺序相连，为了避免运送的物料在 1 号运输带上堆积，按下启动按钮 I0.0，应先启动 1 号运输带，延时 6 s 后自动启动 2 号运输带。停机的顺序与启动的顺序相反，即按了停止按钮 I0.1 后，先停 2 号运输带，5 s 后再停 1 号运输带。

图 3-2-8 给出了输入、输出信号的波形图和顺序功能图。控制 1 号运输带的 Q1.0 在步 M0.0～M0.3 中都应为 1。为了简化顺序功能图和梯形图，在步 M0.1 将 Q1.0 置位为"1"，在初始步将 Q1.0 复位为"0"。

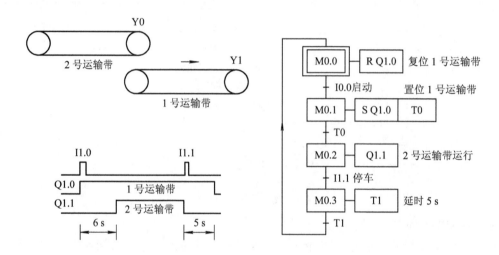

图 3-2-8　运输带控制系统示意图与顺序功能图

2．生成步和转换

单击 按钮，隐藏动作和转换条件，隐藏后只显示步和转换。选中图 3-2-9 中的转换 T1，它变为浅紫色，周围出现虚线框。单击 3 次顺序控制器工具栏上的 按钮，在 T1 的下面生成步 S2～S4 和转换 T2～T4(见图 3-2-9(a)中的顺序功能图)，此时 T4 被自动选中。单击顺序控制器工具栏上的 (Jump，跳转)按钮，在 T4 的下面出现一个箭头。在箭头旁的文本框中输入 1，表示将从转换 T4 跳到初始步 S1。按 Enter 键，在步 S1 上面的有向连线上，自动出现一个水平的箭头(见图 3-2-9(b))，它的右边标有转换 T4，相当于生成了一条起于 T4 止于 S1 的有向线段。至此步 S1～S4 形成一个闭环。

代表步的方框内有步的编号(例如 S2)和名称(例如 Step2)，单击选中后，可以修改它们，但不能用汉字作为步和转换的名称。用同样的方法，可以修改转换的编号(例如 T2)和名称 (Trans2)。单击步的编号和名称之外的其他部分，表示步的方框整体变色，称为选中了该步。

3．生成动作

单击 按钮，显示被隐藏的动作和转换条件。用鼠标右键单击初始步 S1 右边的动作框，执行出现的快捷菜单中的"Insert New Element"(插入新元件)→"Action"(动作，见

图 3-2-9(c))命令，插入一个空的动作行。

　　一个动作由指令和地址组成，单击图 3-2-9(d)所示动作框中的"？"，输入动作的命令"R"。单击动作框中的"？？？"，输入动作的地址"Q1.0"(见图 3-2-9(e))，在初始步将 Q1.0 复位为"0"状态。用同样的方法，在步 S2 用 S 指令将 Q4.0 置位为"1"状态并保持，见图 3-2-10。

　　在步 S2 的动作框中输入指令"D"后，指令框的右边自动出现两行，在上面一行输入地址 M0.3，下面一行输入"T#6S"(延时时间为 6 s)。延时时间到，M0.3 变为"1"状态，步 S2 之后的转换条件满足。用上述的方法，生成其余各步的动作。

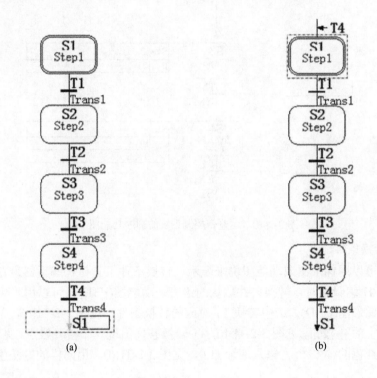

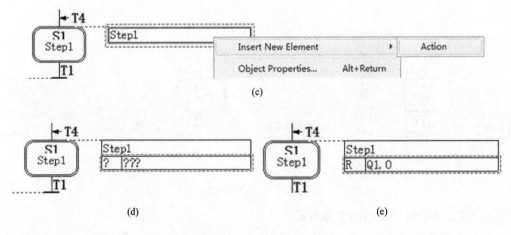

图 3-2-9　生成跳步与动作

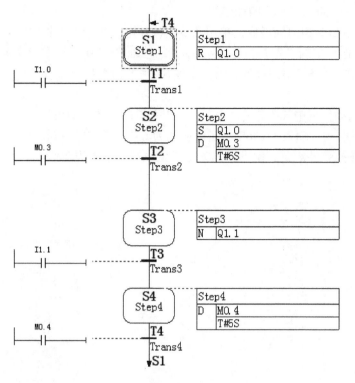

图 3-2-10　运输带控制系统的顺序功能图

4. 生成转换条件

转换条件可以用梯形图或功能图块来表示。转换条件工具栏在编辑器最左边，第一次打开 S7-GRAPH 编辑器时，转换条件默认的语言是功能图(FBD)，可以用"View"菜单中的命令切换为梯形图(LAD)。选中转换 T1 对应的转换条件，见图 3-2-11(a)，单击左边的转换条件工具栏上的 ⊦ 按钮，见图 3-2-11(b)，T1 转换条件出现一个常开触点，见图 3-2-11(c)。单击触点上的红色的 *??.?* ，输入地址 I1.0，见图 3-2-11(d)。用同样的方法生成其他转换条件。

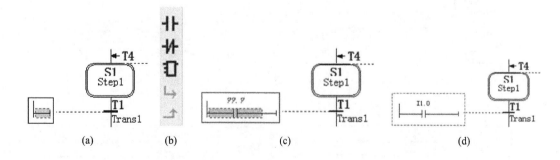

(a)　　　　　　(b)　　　　　　　(c)　　　　　　　　(d)

图 3-2-11　生成转换条件

5. S7-GRAPH 编辑器的参数设置

执行菜单命令"Options"(选项)→"Application Settings"(应用设置)，单击打开的对话框的"General"选项卡中的"Comments"(注释)复选框(见图 3-2-12)，去掉其中的 ☑ 复选框，生成新的 S7-GRAPH 功能块将会没有注释。用单选框选中"Conditions in new blocks"区的"LAD"，新生成的块的转换条件默认的语言为梯形图。

S7-GRAPH 默认的转换条件的字符太小，在"Editor"(编辑器)选项卡中的 Font(字体)区的"Object type"(对象类型)下拉列表选中"LAD/FBD"(见图 3-2-12 左下角)，单击"Select"(选择)按钮。打开"字体"对话框(见图 3-2-12 右边的图)，设置字体的大小为 14，单击"确定"按钮和"OK"按钮确认。

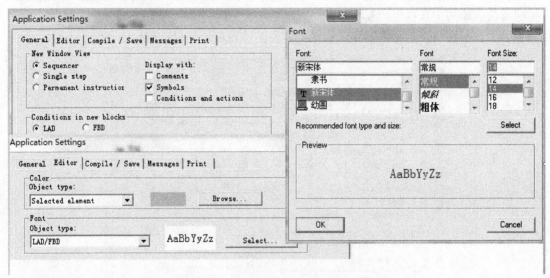

图 3-2-12　S7-GRAPH 编辑器的参数设置

6. 编辑监控功能

双击步 S3，切换到单步视图(见图 3-2-13)。选中 Supervision(监控)线圈，单击工具栏上的比较器按钮 🎛，在比较器左边中间的引脚输入"S3.T"(步 S3 为活动步的时间)，左边下面的引脚输入预置值"T#2H，"设置的监视时间为 2 h。如果这一步的执行时间超过 2 h，则步 S3 被认为出错，监控时出错的步 S3 用红色显示。选中比较器中间的比较符号"＞"后，可以修改它。

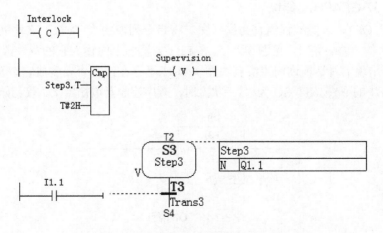

图 3-2-13　单步视图模式中的监控与互锁条件

图 3-2-13 中的 Interlock 是对被显示的步互锁的条件。单击右键，在弹出的快捷菜单中执行"Comments"命令，可以显示和编辑步的注释。用↑键或↓键可以显示上一个或下一个步与转换的组合。

7. 设置 S7-GRAPH 功能块的参赛集

执行菜单命令"Options"(选项)→"Block settings"(块设置)，在打开的对话框的"FB Parameters"(FB 参数)区，见图 3-2-14，用单选框选中"Minimum"(最小参数集)。单击"OK"按钮确认。单击工具栏上的 ■ 按钮，保存和编译 FB1 中的程序。如果程序有错误，编辑器下面的详细窗口将给出错误提示和警告，改正错误后才能保存程序。

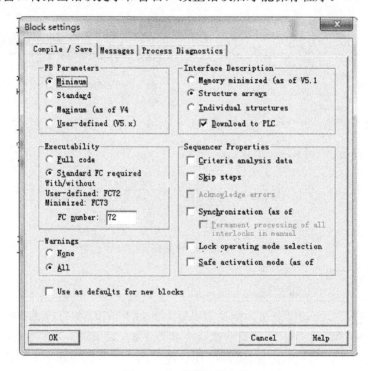

图 3-2-14　设置块的参数

8. 调用 S7-GRAPH 功能块

双击打开 OB1，设置编程语言为梯形图。将指令列表的"FB 块"文件夹中的 FB1 拖放到程序段 1 的"电源线"上，见图 3-2-15。在 FB1 方框的上面输入它的背景数据块的 DB1，按 Enter 键后出现的对话框询问"实例数据块 DB1 不存在，是否要生成它？"，单击"是"按钮确认。FB1 的形参 INIT_SQ 为"1"状态时，顺序控制器被初始化，仅初始步为活动步。

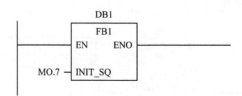

图 3-2-15　OB1 程序

9. 仿真调试

打开仿真工具 PLCSIM，创建 IB1 和 MB0 的视图对象。将所有的块下载到仿真 PLC，将仿真 PLC 切换到"RUN-P"模式。打开 FB1，单击工具栏上的 60° 按钮，启动程序状态监控功能，见图 3-2-16。刚开始监控时初始步 S1 为绿色，表示它为活动步，该步的动作框上面的两个监控定时器开始定时。它们用来记录当前步被激活的时间，其中定时器 U 用来记录没有干扰的时间。单击两次 PLCSIM 中 I1.0 对应的小方框，模拟按下和放开启动按钮。可以看到步 S1 变为白色，步 S2 变为绿色，表示由步 S1 转换到了步 S2。

当步 S2 动作方框上面的监控定时器的当前时间值达到预置值 6 s 时，M0.3 变为"1"状态，步 S2 下面的转换条件满足，将自动转换到步 S3。单击两次 I1.1 对应的小方框，模拟对停止按钮的操作，将会观察到由步 S3 转换到步 S4，延时 5 s 后自动返回初始步。

各个动作右边的小方框显示该动作的"0"、"1"状态，只显示活动步后面的转换条件的能流的状态。单击两次 PLCSIM 中 M0.7 对应的小方框，给 OB1 中 FB1 的输入参数"INIT_SQ"提供一个脉冲。在脉冲的上升沿，顺序控制器被初始化，初始化步 S1 变为活动步，其余各步为非活动步。

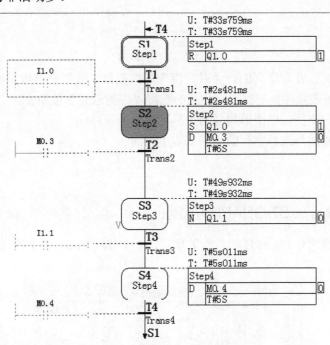

图 3-2-16 顺序功能图的程序状态

10. 生成选择序列

画复杂的顺序功能图时，为了突出重点，便于观察，可以单击显示工具栏上的 🖽 按钮，关闭动作和转换条件，只显示步和有向连线。

在"运输带 GR"的 FB1 中，用右键单击 S7-GRAPH 编辑器的程序区，在出现的快捷菜单中执行"Insert New Element"(插入新元件)→"Sequencer"命令，生成新的顺序控制器，开始时只有步 S5 和转换 T5 的组合体。用右键单击 S5 没有字符的地方，在出现的快捷菜单中执行"Object Properties"(对象属性)命令，在出现的步属性对话框中，选中复选框

"Initial Step"(初始步),将 S5 步设置为用双线框表示的初始步。

在"直接"编辑模式,选中转换 T5,单击两次顺序器工具栏上的 按钮,生成步 S6、S7。用鼠标左键选中初始步 S5,单击顺序器工具栏上的 按钮,生成一个选择序列的分支,新生成的转换的编辑号为 T8,见图 3-2-17。选中转换 T8,单击两次顺序控制器上的 按钮,生成 S8、S9 和转换 T9、T10。

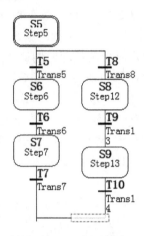

图 3-2-17　选择序列

生成选择序列、并行序列的合并时,将顺序控制器工具栏垂直放置在窗口的最左边,选中转换 T10,单击顺序控制器工具栏上的选择"序列合并"按钮 ,用鼠标拖动 T10 下端出现的细线,与该按钮中图形相同的光标随鼠标一起移动。

并行序列的画法与选择序列的画法基本上相同。

【任务实施】

一、创建项目及 S7-GRAPH 功能块

新建名为"交通灯 GRAPH 语言"的项目,CPU 为 CPU315-2 DP。编辑符号表,如图 3-2-18 所示。

	状态	符号 /	地址		数据类型	
1		Cycle Execution	OB	1	OB	...
2		G7_STD_3	FC	72	FC	...
3		TIME_TCK	SFC	64	SFC	...
4		东西红	Q	4.0	BOOL	
5		东西黄	Q	4.1	BOOL	
6		东西绿	Q	4.2	BOOL	
7		东西绿灯闪烁	FC	2	FC	...
8		南北红	Q	4.3	BOOL	
9		南北黄	Q	4.4	BOOL	
1		南北绿	Q	4.5	BOOL	
1		南北绿灯闪烁	FC	1	FC	...
1		启动	I	0.0	BOOL	
1		停止	I	0.1	BOOL	
1						

图 3-2-18　符号表

执行 SIMATIC Manager 窗口的菜单命令"插入"→"S7 块"→"功能块",在弹出的"属性-功能块"对话框中,功能块默认的名称为"FB1",在"创建语言"下拉列表中选择"GRAPH"项。

二、生成单序列顺序功能图

1．生成步和转换

按照交通灯信号控制要求,规划程序的步序,选中初始步下的转换 T1,单击顺序控制器工具栏上的 ⬚ 按钮,在 T1 的下面生成步 S1～S2 与转换 T1～T7。

2．添加动作

用鼠标右键单击步 S1 右边的动作框,单击 Sequencer 浮动工具栏的 ▭ 按钮,添加动作行,并编写各步的动作。

3．生成功能 FC1 和 FC2

对 S3 和 S6 添加调用功能 FC1 和 FC2 的动作。FC1 和 FC2 分别实现的是东西绿灯和南北绿灯的闪烁功能,可以通过访问 CPU 时钟存储器实现。在硬件组态窗口设置 CPU 的属性,单击"周期/时钟存储器"选项卡,选中"时钟存储器"复选框,在"存储器字节"文本框中输入 6,如图 3-2-19 所示。程序中用 M6.5 提供 1 s 的时钟脉冲。

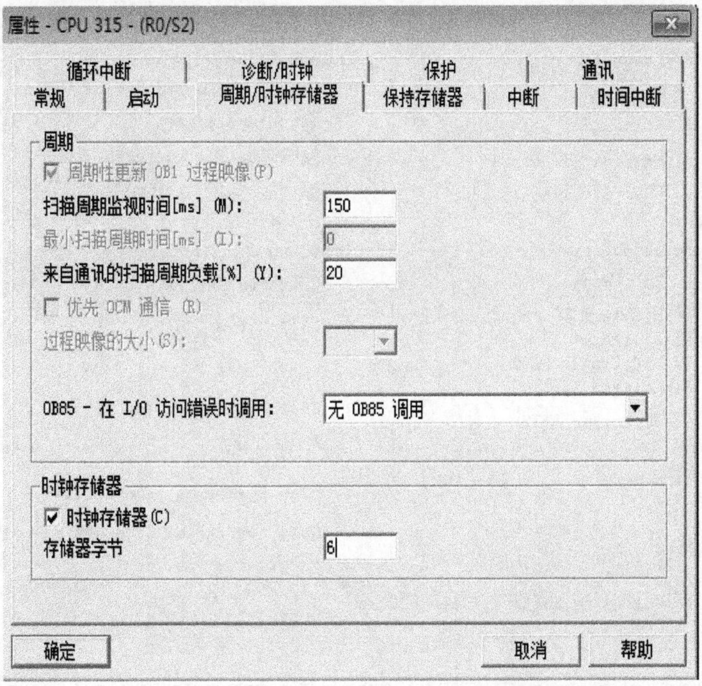

图 3-2-19　生成 FC1 和 FC2

在 SIMATIC Manager 窗口中,执行菜单命令"插入"→"S7 块"→"功能",插入 FC1 和 FC2 并编辑程序,如图 3-2-20 所示。

在属性功能图步 S3 和步 S6 的动作行输入 CALL 命令,分别调用功能 FC1 和 FC2。

FC1：标题：   FC2：标题：

程序段 1：南北绿灯闪烁   程序段 1：东西绿灯闪烁

```
                              Q4.5                                                Q4.2
    M6.5                     "南北绿"                    M6.5                     "东西绿"
────┤ ├─────────────────────( )────        ────┤ ├─────────────────────────────( )────
```

图 3-2-20　插入 FC1 和 FC2

4．生成转换条件

选中转换 T1 对应的转换条件，单击工具栏上的┨┠按钮，T1 的转换条件出现一个常开触点，单击触点上面红色的 *??.?*，输入地址 I0.0。用同样的方法生成其他转换条件。

三、设置 S7-GRAPH 功能块的参数集

执行菜单命令"Options"→"Block settings"(块设置)，在打开的对话框的"FB Parameter"(FB 参数区)单击"Minimum"(最小参数集)单选项将其选中，此时 FB1 只有一个参数。单击"OK"按钮确认，如图 3-2-21 所示。

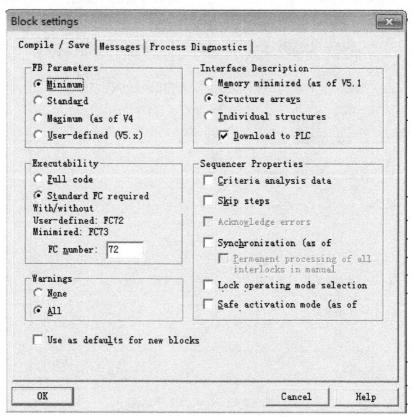

图 3-2-21　设置 S7-GRAPH 功能块的参数集

FB1 的程序见图 3-2-22。

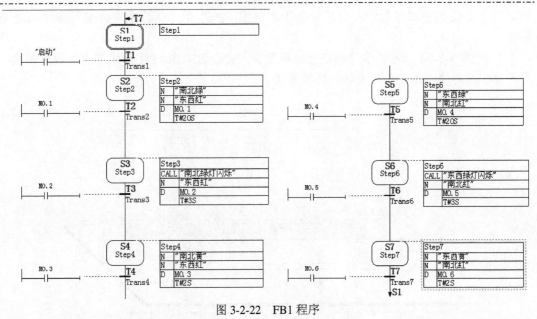

图 3-2-22　FB1 程序

四、调用 S7-GRAPH 功能块

打开 OB1，将指令列表的"FB1"拖放到程序段上，在参数 INIT_SQ 端输入"I0.0"，在 FB1 输入背景数据块编号 DB1，如图 3-2-23 所示，然后保存。

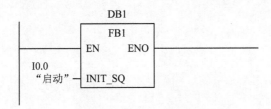

图 3-2-23　OB1 程序

五、仿真

打开仿真软件 PLCSIM，生成 IB0、QB4 视图对象。将所有的逻辑块下载到仿真 PLC，将仿真 PLC 切换到"RUN-P"模式。打开 FB1，单击工具栏上的 6o 按钮，启动程序状态监控功能。单击 I0.0 启动，可以看到 Q4.0～Q4.5 按照顺序功能图设定的时间顺序点亮。

【课后实践】

1. 设计使用传送机将大、小球分类后分别传送的系统。

左上为原点，按启动按钮 SB1 后，其动作顺序为：下降→吸球(延时 1 s)上升→右行→下降→放球(延时 1 s)→上升→左行。其中：LS1 为左限位；LS3 为上限位；LS4 为小球右限位；LS5 为大球右限位；LS2 为大球下限位；LS0 为小球下限位。机械壁下降时，吸住大球，则下限位 LS2 接通，然后将大球放到大球容器中；若吸住小球，则下限位 LS0 接通，然后将小球放到小球容器中。请绘制出主电路图、PLC 的 I/O 分配表并编写顺序功能图程序。

2. 对图 3-2-24 所示的生产线进行编程控制，并在 S7-GRAPH 环境下进行设计调试。要求系统具备"自动"和"手动"两种方式。

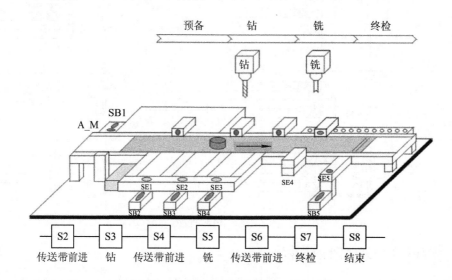

图 3-2-24　生产线示意图

项目四　某供水厂现场控制系统的网络通信

【项目导入】

某供水厂为保证供水系统安全、稳定、可靠地运行及管理，按照高效、可靠、实用的原则进行设计，计算机监控系统采用全开放式分层分布式网络结构，控制层由集中控制站和现场 PLC 控制站组成，可实现全厂设备及生产数据的集中管理、分散控制。计算机监控系统主网络采用工业以太网，现地 PLC 主站与上位机之间、各 PLC 主站之间的通信采用 PROFIBUS-DP 现场总线。

西门子 TIA 通信网络有工业以太网、PROFIBUS-DP、MPI、AS-i 总线及 EIB 总线 (PROFIBUS 总线的扩展)，根据不同的层次使用不同的通信网络配置，本项目重点学习 PROFIBUS-DP 通信。

任务 1　取水泵房现地 DP 主站与智能从站的通信

【任务描述】

某供水厂现场控制站的取水泵房现地由两台 300PLC 控制，采用 PROFIBUS-DP 实现主站与智能从站的通信。为了调试网络，可以在主站和从站的 OB1 中分别编读和写的程序，从对方读取数据。操作过程是：

$$IB0(主站) \rightarrow QB0(从站)；IB0(从站) \rightarrow QB0(主站)$$

【知识导航】

一、SIMATIC 通信网络与通信服务

1. 工程自动化通信网络

大型的工程自动化通信网络一般采用三级网络结构。

1) 现场设备层

现场设备层的主要功能是连接现场设备，例如分布式 I/O、传感器、驱动器、执行机构和开关设备等，完成现场设备控制及设备间的联锁控制。一般来说，现场设备层的传输数据量较小，要求的响应时间为 10～100 ms。主站(PLC、PC 或其他控制器)负责总线通信管理以及与从站的通信。总线上所有的设备生产工艺控制程序存储在主站中，并由主站执行。

　　西门子的 SIMATIC NET 网络系统(见图 4-1-1)的现场设备层主要使用 PROFIBUS-DP,并将执行器和传感器单独分为一层,主要使用 AS -i(执行器-传感器接口)网络。AS-i 的主站与连接到其子网的执行器和传感器进行通信,其特点是对少量数据的毫秒级快速响应。

图 4-1-1　SIMATIC NET

　　2) 车间监控层

　　车间监控层又称为单元层,用来完成车间主生产设备之间的连接,实现车间级设备的监控。车间级监控包括生产设备状态的在线监控、设备故障报警及维护等。通常还具有诸如生产统计、生产调度等车间级生产管理功能。车间级监控用 PROFIBUS 或工业以太网将 PLC、PC 和 HMI 连接到一起。这一级对数据传输速率的要求不高,要求的响应时间为 100 ms~1 s,但是应能传送大量的信息。

　　3) 工厂管理层

　　车间管理网作为工厂主网的一个子网,通过交换机、网桥或路由器等连接到厂区主干网,将车间数据集成到工厂管理层。管理层处理的是对于整个系统的运行有重要作用的高级别的任务。除了保存过程值以外,还包括优化和分析过程等功能。工厂管理层通常采用符合 IEC 802.3 标准的以太网,即 TCP/IP 通信协议标准。

2. 西门子的自动化通信网络

　　S7-300/400 有很强的通信功能,CPU 模块都集成有 MPI(多点接口),有的 CPU 模块还集成有 PROFIBUS-DP、PROFINET 或点对点通信接口,此外还可以使用 PROFIBUS-DP、工业以太网、AS-i 和点对点通信处理器(CP)模块。通过 PROFINET、PROFIBUS-DP 或 AS-i 现场总线,CPU 与分布式 I/O 模块之间可以周期性地自动交换数据。在自动化系统之间,PLC 与计算机和 HMI(人机界面)站之间,均可以交换数据。数据通信可以周期性地自动进行,或者基于事件驱动。

　　西门子的工业自动化通信网络见图 4-1-2。PROFINET 是基于工业以太网的现场总线,可以高速传送大量的数据;PROFIBUS 用于少量和中等数量数据的高速传送;AS-i 是底层的低成本网络;通用总线系统 KonNEX (KNX)用于楼宇自动控制;IWLAN 是工业无线局域网的缩写。各个网络之间用链接器或有路由器功能的 PLC 连接。

　　此外 MPI 是 SIMATIC 产品使用的内部通信协议,用于 PLC 之间、PLC 与 HMI(人机界面)和 PG/PC(编程设备/计算机)之间的通信,可以建立传送少量数据的低成本网络;PPI(点对点接口)是用于 S7-200 的通信协议。点对点(PtP)通信用于特殊协议的串行通信。

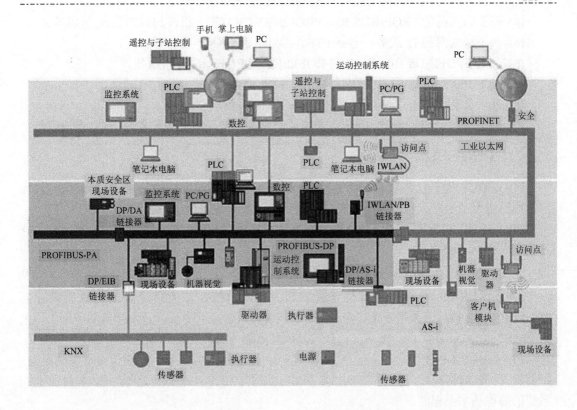

图 4-1-2 西门子的工业自动化通信网络

3. PG/OP 通信服务

PG/OP(编程器/操作面板)通信服务是集成的通信功能，用于 SIMATIC PLC 与 SIMOTION(西门子运动控制系统)、编程软件(例如 STEP-7)、人机界面(HMI)设备之间的通信，下载、上载硬件组态和用户程序，在线监视 S7 站，以进行测试和诊断。工业以太网、PROFIBUS 和 MPI 均支持 PG/OP 通信服务。

由于 S7 通信功能内置在 SIMATIC PLC 的操作系统中，可以用 HMI 设备、PG/PC 访问 PLC 内的数据，不用在通信伙伴(S7 站)的用户程序中编程。也可以用 SFB 和 SFC 来产生用于 HMI 设备的报警信息。

PG/OP 通信服务支持 S7 PLC 与各种 HMI 设备或编程设备(包括编程用的 PC)通信的协议。HMI 设备包括操作员面板(OP)、触摸面板(TP)、多功能面板(MP)和文本显示器(TD)。

4. 其他通信服务

(1) S7 通信是 S7 PLC 优化的通信功能，用于 S7 PLC 之间、S7 PLC 和 PC 之间的通信。S7 通信还可以用于 MPI、PROFIBUS-DP 和工业以太网。

(2) S5 兼容通信包括 S7 PLC 之间的 PROFIBUS FDL 协议和工业以太网的 ISO 传输、ISO-on-TCP、UDP、TCP/IP 通信服务。

(3) 标准通信使用数据通信的标准化协议 PROFIBUS-FMS(现场总线报文规范) 和 OPC。

(4) 基于以太网的 PROFIBUS IO、PROFINET CBA(基于组件的自动化)通信服务。

(5) 基于以太网的 IT 服务，包括 FTP、E-Mail 和 SNMP 服务等。

(6) 基于 PROFIBUS 和以太网的 PROFIdrive、PROFIsafe 通信服务。

(7) 基于 PROFIBUS 的 DP、PA、FMS、FDL 通信服务。

(8) 基于 AS-i 网络的 AS-i 接口服务和 ASIsafe 服务。

(9) 基于 MPI 网络的 PG/OP 服务、S7 通信服务、全局数据通信和 S7 基本通信服务。

二、PROFIBUS 网络

PROFIBUS 是一个国际化、开放性且独立于供货商的(Vendor-Independent)通信协议标准，广泛应用于生产、制造、加工和建筑自动化以及其他自动化控制领域。

PROFIBUS 根据不同需求及应用，有三种主要类型：PROFIBUS-DP、PROFIBUS-PA 及 PROFIBUS-FMS。

1. PROFIBUS-DP(Decentralized Periphery)

PROFIBUS-DP 是一种速率快且成本低的通信系统，专为高速数据传输而设计。PROFIBUS-DP 被广泛使用，尤其在远程 I/O 系统、马达控制中心以及变频器的应用上。采用 PROFIBUS-DP 连接自动化系统与分散外围装置通信时，可达到最佳效果。

PROFIBUS-DP 使用简单方便，在大多数实际应用中，只需要对网络通信做简单的组态，不要编写任何通信程序，就可以实现 DP 网络的通信。用户对远程 I/O 的编程，与对集中式系统的编程基本上相同。

2. PROFIBUS-PA(Process Automation)

PROFIBUS-PA(通常附有 MBP-IS 传输技术)是一种用于过程自动化的 PROFIBUS 通信系统，它以 PROFIBUS-DP 为基础，在数据传输上作为 PROFIBUS-DP 通信协议的延伸，专门支持本质安全型防爆应用，可借由本质安全防爆 MBP-IS 接口，应用在有爆炸危险的区域。PROFIBUS-PA 可连接传感器及控制器至总线(Bus)。

3. PROFIBUS-FMS(Fieldbus Message Specification)

PROFIBUS-FMS 是一种多主通信系统(Multiple Master Communications)，专为蜂巢层(Cell-Level)通信而设计的，提供控制装置与蜂巢层控制器间非周期性或周期性的中速度数据传输。PROFIBUS-FMS 提供大量的数据传输服务，拥有强大的机能与弹性，可满足广泛的应用需求。

三、PROFIBUS-DP 设备

PROFIBUS-DP 网络的硬件由主站、从站、网络部件和网络组态与诊断工具组成。网络部件包括通信媒体(电缆)、总线连接器、中继器、耦合器，以及用于连接串行通信、以太网、AS-i、EIB 等网络系统的网络转接器。

1. DP 主站与 DP 从站

PROFIBUS-DP 设备可以分为以下 3 种不同类型的站：

1) 1 类 DP 主站

1 类 DP 主站(DPM1)是系统的中央控制器,用于在预定的周期内与 DP 从站循环地交换信息，并对总线通信进行控制和管理。DPM1 可以发送参数给 DP 从站，读取从站的诊断信息，用全局控制命令将它的运行状态告知给各从站。此外，还可以将控制命令发送给个别从站或从站组，以实现输出数据和输入数据的同步。下列设备可以做 1 类 DP 主站：

(1) 集成了 DP 接口的 PLC，例如 CPU 315-2 DP、CPU 313C-2 DP 等。

(2) CPU 和支持 DP 主站功能的通信处理器(CP)。

(3) 插有 PROFIBUS 网卡的 PC，例如 WinAC 控制器。用软件功能选择 PC 作 1 类主站或是作编程监控的 2 类主站，可以使用 CP5511、CP 5611 和 CP 5613 等网卡。

(4) 连接工业以太网和 PROFIBUS-DP 的 IE/PB 链路模块。

(5) ET 200S/ET 200X 的主站模块。

2) 2 类 DP 主站

2 类 DP 主站(DPM2)是 DP 网络中的编程、诊断和管理设备。DPM2 除了具有 1 类主站的功能外，在与 1 类 DP 主站进行数据通信的同时，还可以读取 DP 从站的输入/输出数据和当前的组态数据，可以给 DP 从站分配新的总线地址。PC 和操作员面板/触摸屏(OP/TP)可以作 2 类主站。

3) DP 从站

DP 从站是进行输入信息采集和输出信息发送的外围设备，只与它的 DP 主站交换用户数据，向该主站报告本地诊断中断和过程中断。

可以将 1 类、2 类 DP 主站或 DP 从站组合在一个设备中，形成一个 DP 组合设备。

2. 具有 PROFIBUS-DP 接口的其他现场设备

西门子公司的 SINUMERIK 数控系统、SITRANS 现场仪表、MicroMaster 变频器、SIMOREG DC-MASTER 直流传动装置都有 PROFIBUS-DP 接口或可选的 DP 接口卡，可以作 DP 从站。

其他公司支持 DP 接口的输入/输出、传感器、执行器或其他智能设备，也可以接入 PROFIBUS-DP 网络。

3. PROFIBUS 通信处理器

PROFIBUS 通信处理器(CP)不但可以扩展 CPU 的通信接口，功能也比集成的 DP 接口强得多，例如可以提供 S7 通信、S5 兼容通信(FDL)和 PG/OP(编程器/操作员面板)通信、SYNC(同步)、FREEZE(锁定)功能。CP 的组态数据存放在 CPU 中，CPU 启动后自动地将组态参数传送到 CP 模块。

S7-200 的 DP 模块为 EM 277，S7-300 使用 CP 342-5 和 CP 343-5。CP 342-5 FO 是带光纤接口的 PROFIBUS-DP 主站或从站模块。

S7-400 使用 CP 443-5 和 IM 467。CP 443-5 分为基本型和扩展型，提供 PROFIBUS-FMS 通信服务，实现时钟的同步，在 H 系统中实现冗余的 S7 通信或 DP 主站通信，通过 S7 路由器在网络间进行通信。

用于 PC/PG 的通信处理器将计算机/编程器连接到 PROFIBUS 网络中，支持标准 S7 通信、S5 兼容通信、PG/OP 通信和 PROFIBUS-FMS，OPC 服务器软件已包含在通信软件中。

CP 5611 是 PCI 卡，CP 5613 是带微处理器的 PCI 卡，仅支持 DP 主站。

CP 5614 有两个 PROFIBUS 接口，可以作 DP 主站或 DP 从站。

CP 5613 FO/CP 5614 FO 有光纤接口，用于将 PC/PG 连接到光纤 PROFIBUS 网络。

CP 5511 和 CP 5512 用于将带 PCMCIA 插槽的笔记本电脑连接到 PROFIBUS 和 S7 的 MPI。其中，PROFIBUS 接口支持 PROFIBUS 主站和从站。

四、主从通信方式

自动化任务可划分为若干个子任务，这些子任务分别由多台 CPU 独立、有效地进行处理，这些 CPU 在 DP 网络中作 DP 主站和智能从站。

主站和智能从站的地址是独立的，它们可以使用相同的 I/O 地址区。DP 主站不是用 I/O 地址直接访问智能从站的物理 I/O 区，而是通过从站组态时指定的通信双方的 I/O 区来交换数据。该 I/O 区不能占用分配给 I/O 模块的物理 I/O 地址区。

主站与从站之间的数据交换是由 PLC 的操作系统周期性自动完成的，不需要用户编程，但是用户必须对主站和智能从站之间的通信连接和用于数据交换的地址区进行组态。这种通信方式称为主-从(Master-Slave)通信方式，简称为 MS 方式。

【任务实施】

一、组态智能从站

在对两个 CPU 主-从通信组态配置时，原则上要先组态从站。

1. 新建 S7 项目

打开 SIMATIC Manager 窗口，创建一个新项目，并命名为"主-从 DP 通信"。插入两个 S7-300 站，分别命名为 Master 和 Slave，如图 4-1-3 所示。

图 4-1-3　创建主站与从站

2. 硬件组态

进入硬件组态窗口，按硬件安装次序依次插入机架、电源、CPU 和 SM374(需用其他信号模块代替，如 SM323 DI8/DO8 x 24VDC 0.5A)等完成硬件组态，如图 4-1-4 所示。

在插入 CPU 时会同时弹出 PROFIBUS 接口组态窗口。也可以在插入 CPU 后，双击 DP，打开 DP 属性窗口，单击"属性"按钮进入 PROFIBUS 接口组态窗口。单击"新建"按钮新建 PROFIBUS 网络，分配 PROFIBUS 站地址，本任务设置为 3 号站。选择网络设置选项卡进行网络参数设置，如传输率、配置文件。本任务中"传输率"为 1.5 Mb/s，"配置文件"为 DP，如图 4-1-5 所示。

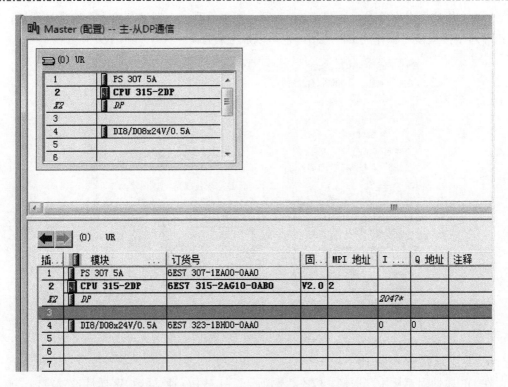

图 4-1-4 硬件组态

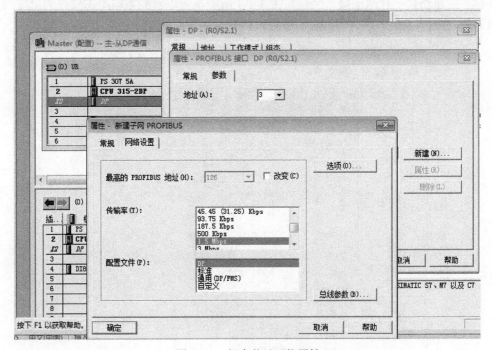

图 4-1-5 组态从站网络属性

3. DP 模式选择

选中 PROFIBUS 网络，然后点击按钮进入 DP 属性对话框，选择"工作模式"选项卡，激活"DP 从站"操作模式。如图 4-1-6 所示，如果"测试、调试和路由"选项被激活，则意味着这个接口既可以作为 DP 从站，也可以监控程序。

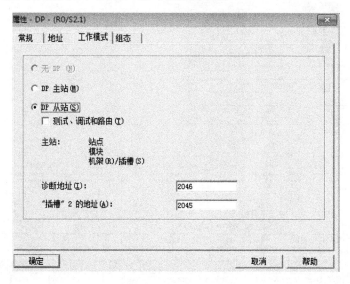

图 4-1-6　设置 DP 模式

4．定义从站通信接口区

在 DP 属性对话框中，选择"组态"选项卡，打开 I/O 通信接口区属性设置窗口，点击"新建"按钮新建一行通信接口区，如图 4-1-7 所示，可以看到当前组态模式为"主站-从站组态"。注意此时只能对本地(从站)进行通信数据区的配置。

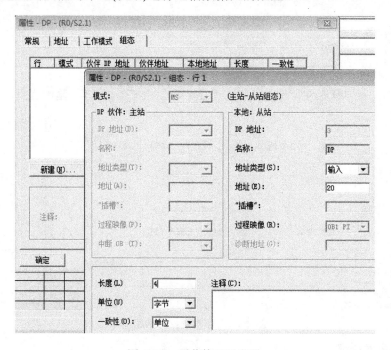

图 4-1-7　通信接口区设置

设置完成后单击"应用"按钮确认。可以根据实际通信数据建立若干行，但最大不能超过 244 个字节。本任务分别创建一个输入区和一个输出区，长度为 4 个字节，设置后可以在组态窗口中看到这两个通信接口区，如图 4-1-8 所示。

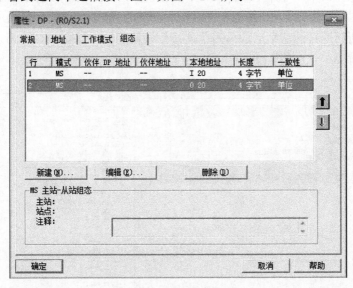

图 4-1-8 从站通信接口区

二、组态主站

完成从站组态后，就可以对主站进行组态，过程与从站相同。在完成基本硬件组态后对 DP 接口参数进行设置。本任务将主站地址设为 2，并选择与从站相同的 PROFIBUS 网络"PROFIBU(1)"。传输率以及配置文件与从站设置应相同。然后在 DP 属性设置对话框中，切换到"工作模式"选项卡，选择"DP 主站"操作模式，如图 4-1-9 所示。

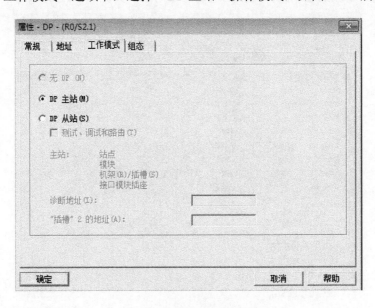

图 4-1-9 设置主站 DP 模式

三、连接从站

在硬件组态窗口中，打开硬件目录，在 PROFIBUS DP 下选择 Configured Stations 文件夹，将 CPU31x 拖到主站系统 DP 接口的 PROFIBUS 总线上，这时会弹出"DP 从站属性"对话框，选择所要连接的从站后，单击"连接"按钮确认，如图 4-1-10 所示。如果有多个从站存在时，就要一一连接。

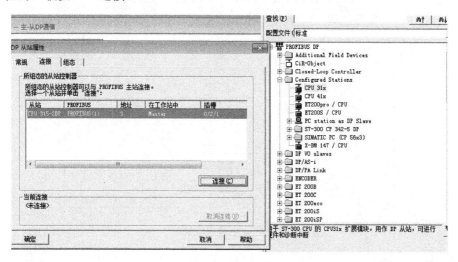

图 4-1-10　连接 DP 从站

四、编辑通信接口区

连接完成后，单击"组态"选项卡，设置主站的通信接口区：从站的输出区与主站的输入区相对应，从站的输入区与主站的输出区相对应，如图 4-1-11 所示。

图 4-1-11　编辑通信接口区

本任务分别设置一个输入和一个输出，长度均为 4 个字节。其中，主站的输出区 QB10～QB13 与从站的输入区 IB20～IB23 相对应；主站的输入区 IB10～IB13 与从站的输出区 QB20～QB23 相对应，如图 4-1-12 所示。

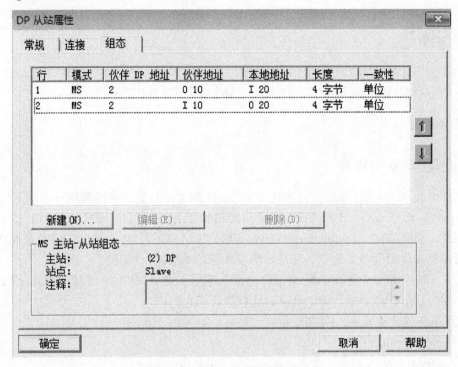

图 4-1-12　通信数据区

确认上述设置后，在硬件组态窗口中，单击保存编译按钮，编译无误后即完成主-从通信组态配置。

五、编程

编程调试阶段，为避免网络上某个站点掉电使整个网络不能正常工作，建议将 OB82、OB86、OB122 下载到 CPU 中，这样可保证在 CPU 有上述中断触发时，CPU 仍能运行。

1. 从站的读写程序

```
L IB0          //读本地输入到累加器 1
T QB20         //将累加器 1 中的数据送到从站通信输出映像区
L IB20         //从从站通信输入映像区读数据到累加器 1
T QB0          //将累加器 1 中的数据送到本地输出端口
```

2. 主站的读写程序

```
L IB0          //读本地输入到累加器 1
T QB10         //将累加器 1 中的数据送到主站通信输出映像区
L IB10         //从主站通信输入映像区读数据到累加器 1
T QB0          //将累加器 1 中的数据送到本地输出端口
```

任务 2　取水泵房现地 DP 主站与标准从站的通信

【任务描述】

某供水厂现场控制站的加药加氯现地因环境较为恶劣而采用分布式 I/O 设备 ET 200，主站为 CPU412-2 DP，从站为 ET 200M，建立主站与 ET 200 的通信。

【知识导航】

一、ET 200 的分类

ET 200 是 SIMATIC 家族中分布式 I/O 产品的统称。目前在中国市场有多款 ET 200 系列产品在售，该产品基于 PROFIBUS 或 PROFINET 通信，可与 SIMATIC S5、SIMATIC S7/M7/C7、SIMATIC Programming Device/PC、SIMATIC HMI 或非西门子公司的支持 PROFIBUS 或 PROFINET 的设备通信，需要相应的 GSD 文件支持。

在组态时，STEP 7 自动分配 ET 200 的输入/输出地址。DP 主站或 IO 控制器的 CPU 分别通过 DP 从站或 IO 设备的 I/O 模块地址直接访问它们。

按照不同的分类方法，ET 200 系列产品可以分为以下几类：

1．按防护等级分

(1) 需带控制柜的产品：如 ET 200S、ET200M、ET200ISP 等。

(2) 不需要带控制柜的产品：如 ET 200PRO、ET200X、ET200ECO、ET200R 等。

2．按防爆等级分

(1) 可以应用于危险 2 区的产品：如 ET 200S、ET200M 等。

(2) 可以应用于危险 1 区的产品：如 ET 200ISP 等。

(3) 不能用于危险场合的产品。

3．按设计理念分

(1) 带 CPU 功能的位模块化产品，如：ET200S、ET200X。

(2) 按位模块化产品，如：ET200S、ET200X、ET 200PRO、ET 200ISP。

(3) 使用 S7-300 模块的产品，如：ET 200M。

(4) 机器人专用的产品，如：ET 200R。

(5) 低成本模板化设计产品。

二、ET 200 介绍

1．ET 200M

ET 200M 是一款防护等级为 IP20 的模块化 DP 从站，可以采用 S7-300 模块组成控制系统。其性能如下：

(1) 具有宽温模块，可工作于 −25～60℃。

(2) 具有防爆等级的 HART 输入。

(3) 可以安装在防爆 2 区。

(4) 支持冗余。

(5) 作为 PROFIBUS-DP 从站，支持 DPV1。

(6) 支持时钟同步和时间标签。

(7) 系统运行时可更换模块电源(如有必要)。

2. ET 200S

ET 200S 是一款防护等级为 IP20 的按位设计的模块化 DP 从站。一般来说，一个典型的 ET 200S 站点主要由以下几个部分组成：

(1) 接口模块。

(2) 电源模块。

(3) 数字量输入/输出模块。

(4) 模拟量输入/输出模块。

(5) 功能模块。

(6) 相关的端子模块。

每个站点必须具有相应的电源端子模块、I/O 端子模块以及功能端子模块，另外每个站点还必须具有相应的导轨以及终端模块。

ET 200S 的功能模块主要包括高速计数器、电机启动器、变频模块、气动模块等，另外 ET 200S 还提供一个功能与 CPU314 相当的 CPU 模块。

此外，ET 200S 最新推出了一款集成 32DI 或 16DI/16DO 功能的 Compact 型 DP 接口模块，该模块相当于基本型的 IM151-1 接口模块，最大可以扩展 12 个电子模块，但不包括故障安全型模板。

3. ET 200PRO

ET 200PRO 是一款多功能的、防护等级为 IP65/66/67 的模块化 I/O 产品。其性能如下：

(1) 最大可以连接 16 个模块共 128 个 I/O 通道，最长可达 1 m。

(2) 与 ET 200X 相比，体积更小，只有 ET 200X 的 60%。

(3) 具有简单、快速的装配方式。

(4) 提供模块诊断或通道级诊断功能。

(5) 电子模块与连接模块支持热插拔技术。

(6) 具有灵活的背板总线配置。

(7) 电源模块针对不同的负载具有更高的灵活性，并且各种电源模块均内置熔断器，可有效保护电路。

(8) 总线与电源在连接模块中集成了 T 功能。

(9) 具有可供选择的终端电阻。

(10) 可以连接 DESINA 兼容的传感器。

(11) 具有更高的抗震性能，可以抵抗 $5g$ 的连续震动或 $25g$ 的瞬间冲击。

(12) 可选择 ECOFAST Cu、M12, 7/8" 多种连接方式。

(13) 支持 PROFINET。

(14) 支持故障安全型模块，针对不同的通信方式，如 PROFIBUS 至多可以连接 5 个故障安全型站点，PROFINET 至多可以连 10 个。

ET 200 PRO 由以下几个部分组成。

- 接口模块；
- 连接模块；
- 电子模块；
- 电源模块。

【任务实施】

(1) 新建项目"S7400-ET200M"，插入 S7-400 站并完成硬件组态和 S7-400 定义，如图 4-2-1 所示。

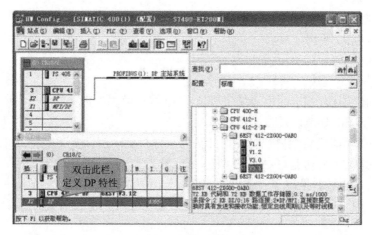

图 4-2-1　S7-400 硬件组态

(2) 双击槽架中的 DP 项，出现"属性-DP"对话框，在"工作模式"选项卡中设定为 DP 主站；在"常规"选项卡中点击"属性"可以更改主站的地址，如图 4-2-2 所示。

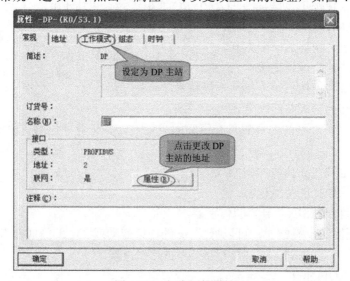

图 4-2-2　组态网络属性

(3) 在组态好的 DP 系统中挂接 ET 200M 从站，同时会弹出"属性-PROFIBUS"对话框，此时可点击"取消"后再设置 ET 200M 的属性，如图 4-2-3 所示。

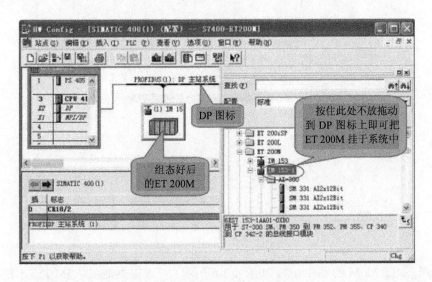

图 4-2-3 挂接从站

(4) 双击组态好的 ET 200M 图标，出现"DP 从站属性"对话框，如图 4-2-4 所示。

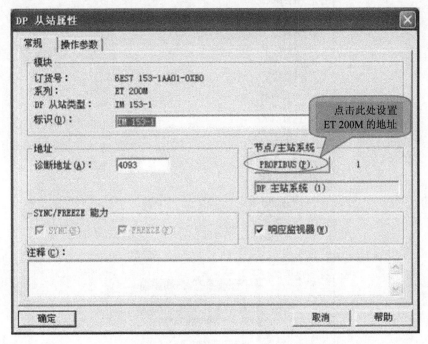

图 4-2-4 "DP 从站属性"对话框

(5) 点击"常规"选项卡中"节点/主站系统"中的"PROFIBUS"项，出现"属性-PROFIBUS接口"对话框，如图 4-2-5 所示，在其"参数"选项卡中设定 ET 200M 的地址(注意设定地址须和 ET 200M 硬件上的拨码数字相同，且不能和其他站冲突)。

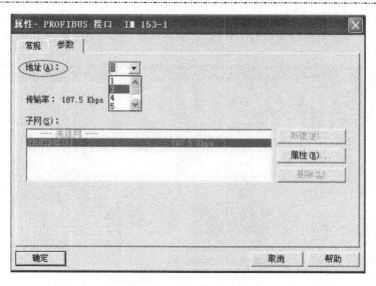

图 4-2-5　设置从站地址

(6) 组态 ET 200M 的硬件 I/O。如图 4-2-6 所示，可以根据需要从 IM 153-1 栏下进行硬件组态，如：AI 是模拟量输入，DI/DO 是开关量输入/输出等。

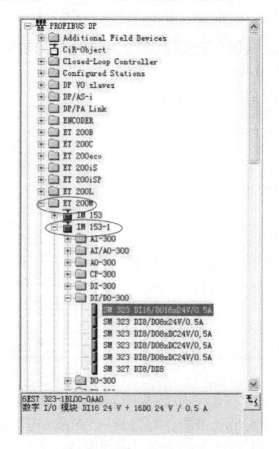

图 4-2-6　组态从站

(7) ET 200M 硬件组态好后如图 4-2-6 所示(DI16/DO16)，其输入地址是 IW0，输出地址是 QW0。

【课后实践】

1. 建立主站 CPU 为 CPU315-2 DP 与 ET200s 的通信。
2. ET 200M 有什么优点？怎样组态 ET 200M？

任务 3　过滤池现地 DP 主站与 S7-200 的通信

【任务描述】

某供水厂现场控制站的过滤池现地有配水池、预沉池、反应沉淀池，每组水池附近设一台现场排泥控制柜，柜内安装 1 套西门子 S7-226 PLC，通过 EM 277 接入 PROFIBUS-DP 现场总线，要求完成和过滤池 S7-315-2 DP PLC 主站的通信。

【知识导航】

一、EM277 模块

1. EM277

EM277 模块(见图 4-3-1)是一个支持 PROFIBUS-DP 从站协议的通信扩展模块，必须挂在 CPU 后任意扩展槽位中，用于将 S7-200 系统接入 PROFIBUS-DP 网络。

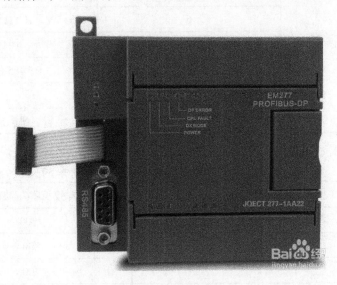

图 4-3-1　EM277 模块

2. EM277 配置及使用

EM277 PROFIBUS-DP 从站模块是一种智能扩展模块，可将 200 PLC 连接到 PROFIBUS-

DP 网络，它经过串行 I/O 总线连接到 200PLC，占用 200PLC 的槽号，可以方便传送 300PLC 与 200PLC 之间的数据。并不是所有 CPU 都能连接到 PROFIBUS-DP 网络，CPU 版本至少在 CPU 222 版本 1.10 以上，具体见表 4-3-1。

表 4-3-1　1.10 以上 CPU 222 版本

CPU	描　述
CPU 224D 版本或更高	JQECT CPU 224D DC/DC/DC
CPU 222 版本 1.10 或更高	CPU 222 DC/DC/DC 和 CPU 222 AC/DC/继电器
CPU 224 版本 1.10 或更高	CPU 224 DC/DC/DC 和 CPU 224 AC/DC/继电器
CPU 224XP 版本 2.0 或更高	CPU 224XP DC/DC/DC 和 CPU 224XP AC/DC/继电器
CPU 226 版本 1.00 或更高	CPU 226 DC/DC/DC 和 CPU 226 AC/DC/继电器

通信端口定义：PROFIBUS 网络经过其 DP 通信端口，连接到 EM 277 PROFIBUS-DP 模块，DP 通信端口为标准 RS 485 接口，见表 4-3-2。

表 4-3-2　RS 485 接口

连接器	插针号	RS485
	1	/
	2	电源地
	3	RS 485 信号 B
	4	RTS(TTL)
	5	逻辑地
	6	+5 V，100 Ω 串联电阻器
	7	+24 V
	8	RS 485 信号 A
	9	/
	连接器外壳	机壳接地

通信距离选择：正常通信，可实现的最大距离与通信的波特率有关，如表 4-3-3 所示。

表 4-3-3　可实现的最大距离与通信的波特率的关系

波特率/(b/s)	电缆长度(屏蔽)/m
小于等于 19.2 k	1000
45.45 k～187.5 k	800
500 k	400
1 M/1.5 M	200
3 M/12 M	100

注：通信电缆需带屏蔽层的双绞铜芯线(如西门子的 DP 紫色电缆)。

图 4-3-2 显示了 EM277 位于一个典型的 PROFIBUS-DP 网络组态中的情况。

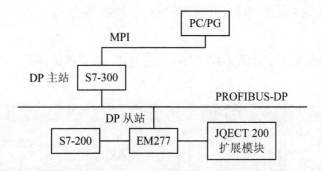

图 4-3-2 EM277 位于一个典型的 PROFIBUS-DP 网络组态中的情况

二、GSD 文件

EM277 作为 PROFIBUS-DP 从站模块，其有关参数是以 GSD 文件的形式保存的。在 EM277 组态之前，需要安装其 GSD 文件。

1．GSD 文件简介

PROFIBUS 设备具有不同的性能特点，以实现 PROFIBUS 简单的即插即用配置。PROFIBUS 设备的特性均在电子设备数据库文件(GSD)中有具体说明。标准化的 GSD 数据将通信扩大到操作员控制级。使用基于 GSD 的组态工具可将不同厂商生产的设备集成在同一总线系统中，既简单又是对用户友好的。

2．GSD 文件的组成

GSD 文件可以分为三个部分：

(1) 一般规范：包括生产厂商和设备的名称、硬件和软件的版本状况、波特率、监视时间间隔以及总线插头的信号分配。

(2) 与 DP 主站有关的规范：包括只运用于 DP 主站的各项参数(如连接从站的最多台数或上装和下装能力)。这部分规范对从站没有规定。

(3) 与 DP 从站有关的规范：包括与从站有关的一切规范(如输入/输出通道的数量和类型、中断测试的规范以及输入/输出数据一致性的信息)。

3．GSD 文件的格式

GSD 文件是 ASCII 文件，可以用任何一种 ASCII 编辑器编辑，如记事本、UltraEdit 等，也可使用 PROFIBUS 用户组织提供的编辑程序 GSDEdit。GSD 文件由若干行组成，每行都用一个关键字开头，包括关键字及参数(无符号数或字符串)两部分。GSD 文件中的关键字可以是标准关键字(在 PROFIBUS 标准中定义)或自定义关键字。标准关键字可以被 PROFIBUS 的任何组态工具所识别，而自定义关键字只能被特定的组态工具识别。

【任务实施】

S7-200 通过 EM277 进行 PROFIBUS DP 通信，需要在 STEP 7 中进行 S7-300 站组态，

在 S7-200 系统中不需要对通信进行组态编程，只需要将要进行通信的数据整理存放在 V 存储区，与 S7-300 组态 EM277 从站时的硬件 I/O 地址相对应就可以了。

1. 硬件组态

插入一个 S7-300 的站，如图 4-3-3 所示(如已存在，就直接进行下一步安装 GSD 文件)：CUP 需要带 DP 接口。

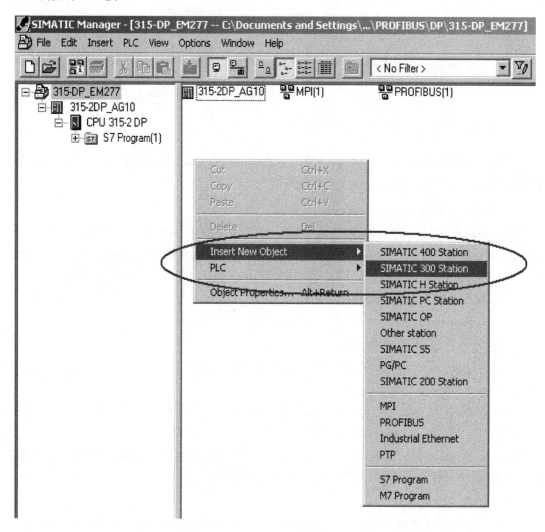

图 4-3-3　硬件组态

2. 安装 GSD 文件

选中 STEP 7 的硬件组态窗口中的菜单"Option"选项→"Install New GSD"，导入 SIEM089D.GSD 文件，安装 EM277 从站配置文件，如图 4-3-4 所示(若找不到 SIEM089D.GSD，则可到如下地址下载、安装：http://support.automation.siemens.com/CN/llisapi. dll?func=cslib.csinfo&lang=zh&objid=113652&caller=view。安装时，需要到下载的目录中找到 SIEM089D.GSD 文件，选定安装即可)。

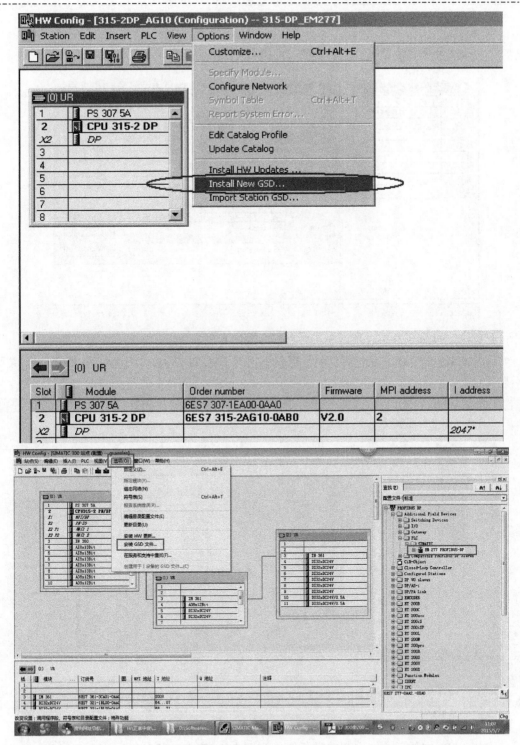

图 4-3-4　安装 EM277 从站配置文件

在 SIMATIC 文件夹中，可看到 EM277 的 GSD 文件(或下载到的目录中)，如图 4-3-5 所示。

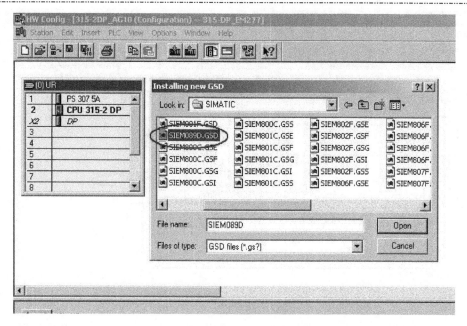

图 4-3-5　GSD 文件

安装 GSD 文件后，可观察到硬件配置中出现 EM277 从站，如图 4-3-6 所示(未安装则不显示)。

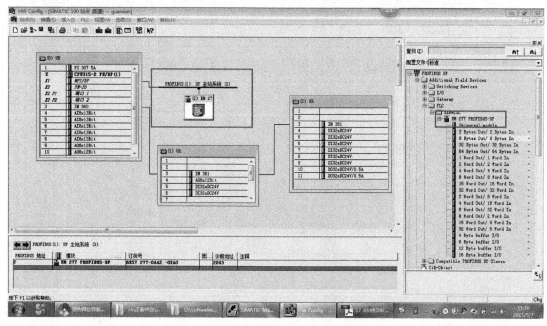

图 4-3-6　硬件配置中出现 EM277 从站

安装 GSD 文件后，在右侧的设备选择列表(PROFIBUS DP/Additional Field Devices(额外区域装备)/PLC/SIMATIC)中找到 EM277 从站，并根据通信字节数选择一种通信方式，本任务中选择了 8 字节入/8 字节出的方式，如图 4-3-7 所示。

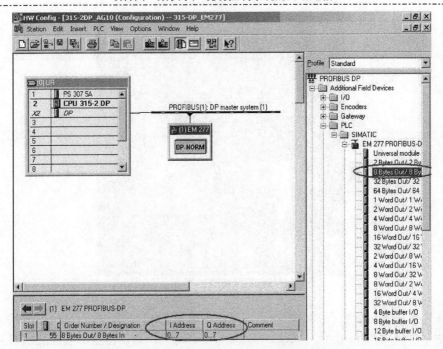

图 4-3-7　选择 8 字节入/8 字节出的通信方式

双击图 4-3-7 中的 EM277 图标，出现"属性-DP 从站"对话框，点击"PROFIBUS…"按钮，设定 EM277 的地址，见图 4-3-8(注意：设定的地址须和 EM277 的拨码开关一致，如图 4-3-9 所示)。

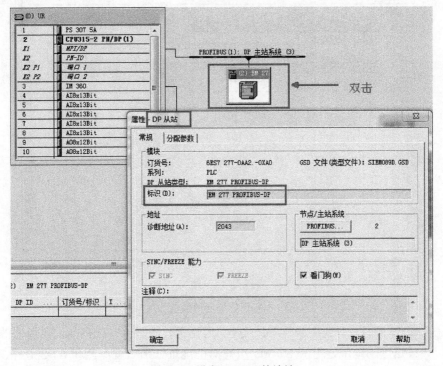

图 4-3-8　设定 EM277 的地址

图 4-3-9　设定 EM277 拨码开关

如图 4-3-10 所示，打开"分配参数"标签，填写 EM277 的地址对应的 S7-200 中 V 变量区相对于 VB0 的偏移量(I/O Offset in the V-memory)，该偏移量可以任意填写，只要在 S7-200 中该 VB 变量区没有使用 S7-200 的程序就可以了。

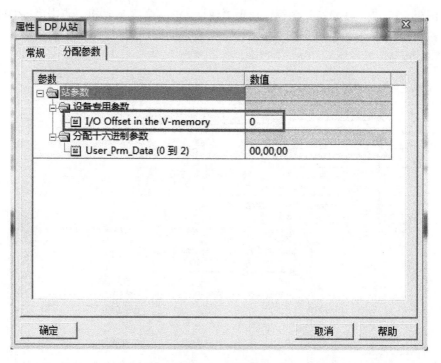

图 4-3-10　打开参数赋值选项

双击 EM277 组件，弹出"属性-DP 从站"对话框，如图 4-3-11 所示，可以修改 EM277 的地址，如果这里的地址是对应 S7-300 组态时的地址，那么就不能和 S7-300 中其他的组态地址重复，可以使用系统默认地址，也可以自己设置。

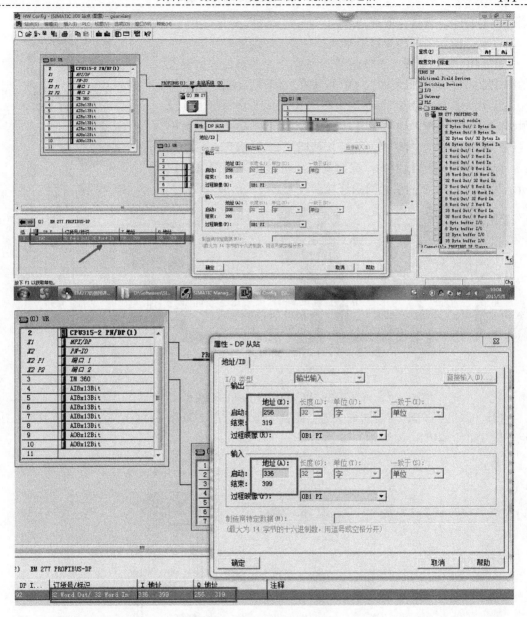

图 4-3-11　修改 EM277 地址

EM277 的默认地址均为"256～319"(建议使用默认地址，由系统自动分配，保证不与其他地址重复)，我们可以修改为"10～17"(举例)。S7-200 中变量的偏移量 0(默认值为)不做修改，可形成如下关系：

QB10～QB17→VB0～VB7

IB10～IB17←VB8～VB15

S7-300 中的 QB10～QB17 数据变化可以在 VB0～VB7 中读取，S7-200 中的数据传送到 VB8～VB15 中，数据变化对应 S7-300 的 IB10～IB17。EM277 的硬件拨码地址设置应与 S7-300 中组态的 EM277 的 DP 地址一致。这样 S7-200 就能与 S7-300 进行数据交换，按要求编写程序，直接读取或写入相应(主站)地址。

在实际操作中须注意以下事项：

(1) DP 接头(见图 4-3-12)在两个终端上时务必保证接头上的终端电阻开关打到"ON"，DP 接头在中间设备(PLC)上时终端电阻开关打到"OFF"。终端电阻的作用是吸收网络上的反射波，以有效地增强信号强度。简单地说，DP 接头在接两根线时终端电阻设为"OFF"，接一根线时设为"ON"。

(2) DP 电缆接线遵循：绿线接 A，红线接 B。图 4-3-13 所示为 PROFIBUS 插头之间的连接和设置。

图 4-3-12　DP 接头

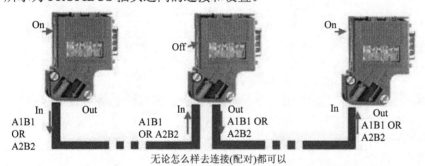

图 4-3-13　PROFIBUS 插头的连接和设置

(3) PLC 间的 DP 通信的最大通信距离一般不超过 2 km，原则上最多可连接 160 个站点，即 160 个 CPU，如图 4-3-14 所示。

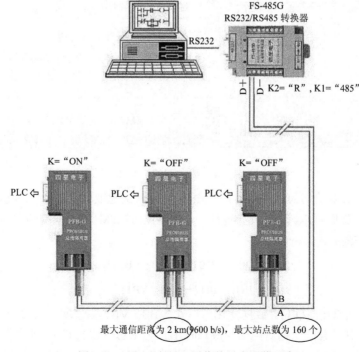

图 4-3-14　PLC 间 DP 通信的最大通信距离

(4) PLC 300 和 PLC 200 通过 EM277DP 通信，EM277 挂在 PLC 200 CPU 侧。对 CPU 300 进行硬件配置，并设定 EM277 的地址。若有多个 PLC 200 CPU，则各 EM277 地址不可重复，根据本次硬件组态发现 PLC 300 最多可挂载 125 个 EM277，如图 4-3-15 所示。

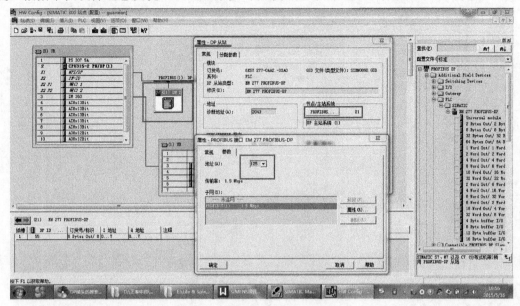

图 4-3-15　最多可挂载 125 个 EM277

(5) PLC 300 的硬件配置中，主站地址在 CPU 下的 X2 子栏中设定，如图 4-3-16 所示。

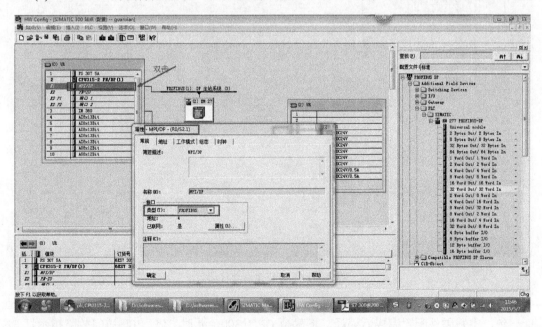

图 4-3-16　主站地址设定

双击主站系统主线，设置主站系统编号，如图 4-3-17 所示。

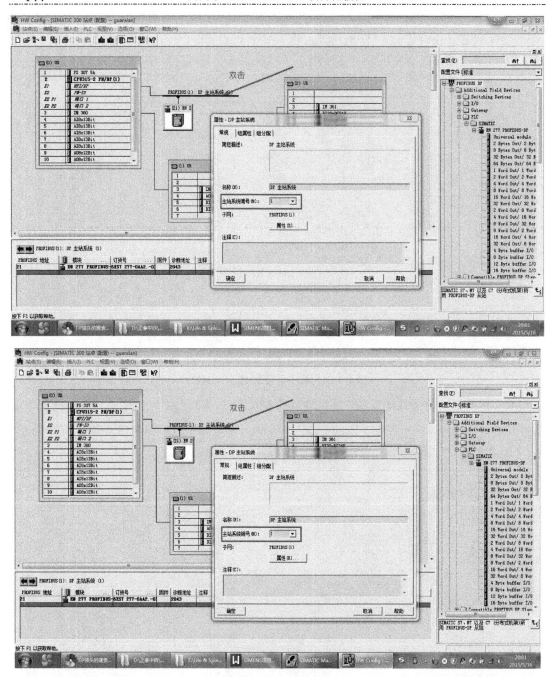

图 4-3-17　设置主站系统编号

(6) EM277 硬件拨码地址务必保证与 PLC 300 主站中硬件配置时设定的 EM277 从站地址一致，主站硬件配置完成后编译、下载至 CPU 300，此时 CPU 300 访问故障指示灯 SF 常亮，网络故障指示灯 BF1 闪烁，如图 4-3-18 和图 4-3-19 所示。检查配置无误，原因是 EM277 硬件拨码改变后(与主站配置时设定的一致)没有重新上电，只有 EM277 重新上电，新地址才有效。

图 4-3-18　EM277 指示灯

图 4-3-19　CPU 300 访问故障指示灯

EM277 重新上电后一切恢复正常。

(7) 配置好从站后，设置 EM277 对应的地址，如图 4-3-20 所示。该地址是与从站交换数据的主站变量地址，而不是从站变量地址，务必保证这些地址在主站 PLC 300 之前的程序中未被占用。

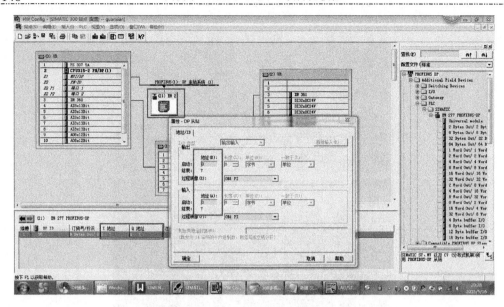

图 4-3-20　设置 EM277 对应的地址

(8) 从站数据地址通过偏移量来设置。修改偏移量需与从站编程人员沟通确定，以保证主站地址偏移后的地址(即从站地址)未被从站中其他程序占用，如图 4-3-21 所示。

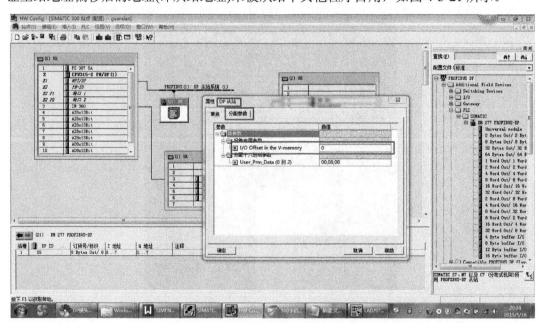

图 4-3-21　主站地址偏移后的地址未被从站中其他程序占用

(9) 配置 EM277 选择数据长度时根据实际需要交换的变量数量和长度确定，本次选择 8 字节输出/8 字节输入，且主站输入、输出地址均为 0～7，因输入、输出总长度为 8+8=16 字节，且偏移量设置为 0，因此对应从站地址为 V0～V16，且 V0～V7 对应主站的输出地址，即 V0～V7 为从站的接收地址，V8～V15 为从站的输出地址。

(10) 主站 PLC 300 硬件配置完成，且从站 PLC 200 中需要与主站交换的数据均已存放在 V 存储区(由从站编程人员完成),此时主站、从站的数据即可以顺利交换,在主站中可自由地对从站进行读取和写入,只要根据需要在主站 PLC 300 中建立符号表、编写程序即可。I0.0~I7.7 和 Q0.0~Q7.7 分别对应从站中的哪个变量由从站编程人员提供,即从站中的 V0.0~V7.7 和 V8.0~V15.7,在上位机中组态与本站内组态相同,读写本站 IO 变量即可,如图 4-3-22 所示。

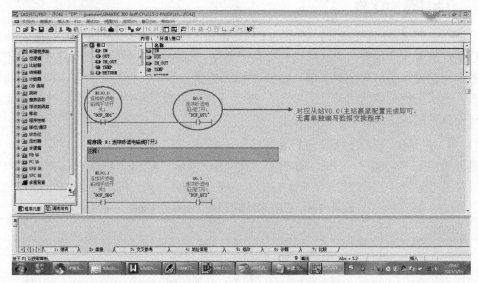

图 4-3-22 读写本站 IO 变量

主站向从站写程序,只要在主站中对应本站的变量地址(Q0.0)编程即可,不需要单独编写数据交换程序,因主站硬件配置完成且下载后数据即可自由交换。

【课后实践】

1. GSD 文件有什么作用?
2. 怎样安装 GSD 文件?
3. 实现两台 PLC 之间的 S7 通信的仿真过程。

任务 4 供水厂网络控制系统的故障诊断

【任务描述】

供水厂现场控制站加药加氯现地 DP 主站 CPU315-2 DP,指示灯 BF 红色闪烁,要求尽快排除故障。

【知识导航】

一、故障诊断方法

现代网络控制系统的站点越来越多,网络系统也越来越复杂。如果网络系统某一个或几个节点出现故障，就会影响整个系统的运行。掌握并熟练应用有效的诊断功能，将有利于缩短维修时间，提高设备使用效率。常用的诊断方法有：使用 PLC 的 LED 故障指示诊断功能；使用 STEP 7 的在线故障诊断功能；使用故障中断组织块的诊断功能；使用 PCS7 的故障诊断监控系统。

二、LED 故障诊断

当网络中的设备出现故障时，主站的 CPU、远程 I/O 从站、智能从站和信号模块的 LED 指示灯出现故障指示报警，为故障检修提供了帮助。有关 LED 故障诊断识别的详细信息，可以查阅相关设备的用户使用手册。LED 故障诊断指示简单、直观、方便，但故障指示范围较大，无法提供更多的细节。例如：当 CPU 出现硬件或软件故障时 SF 会亮，但无法明确到底是哪种故障造成的。

1. 用 S7-300 CPU 的 LED 进行诊断

通常西门子 S7-300 系列 PLC 的 CPU 上的 LED 指示灯有 SF、DC5V、FRCE、RUN、STOP，对于不同型号的 CPU 还有其他 LED 指示灯。表 4-1-1 是 CPU 315-2 DP 的一般 LED。

表 4-4-1　　CPU 315-2 DP 的一般 LED

LED	含　义	说　明
SF(红色)	组出错	出现下列情况之一，LED 点亮： · 硬件出错； · 固件出错； · 编程出错； · 参数出错； · 计算出错； · 时间出错； · 存储器卡有故障； · 在 POWER-ON 时电池故障或无后备电池； · I/O 出错(仅对外部 I/O)
BATF(红色)	电池出错	如果电池损坏、不存在或放完电，LED 点亮
DC5V(绿色)	5 V DC 电源	CPU 和 S7-300 总线的内部 5 V DC 电源正常时，LED 亮
FRCE(黄色)	保留	在此 CPU 上，"FORCE" 功能不能实现
RUN(绿色)	运行模式 RUN	· 在 CPU 启动时，LED 以 2 Hz 频率至少闪烁 3 s(CPU 启动可能更短些)，在 CPU 启动期间，STOP 指示灯也亮，当 STOP 指示灯熄灭时，输出启用； · 当 CPU 处于 "RUN" 模式时，LED 亮
STOP(黄色)	运行状态 STOP	· 当 CPU 不再处理用户程序时，LED 亮； · 当 CPU 请求整体复位时，LED 以 1 s 间隔闪烁

表 4-4-2 和表 4-4-3 分别介绍了 CPU 31x-2 DP 在 "DP 主站" 和 "DP 从站" 模式下的

LED。

表 4-4-2　在"DP 主站"模式下 CPU 31x-2 DP 的 LED

SF DP	BUSF	含　义	措　施
熄灭	熄灭	• 配置正确； • 所有将组态的从站均可被寻址	—
点亮	点亮	• 总线出错(硬件故障)； • DP 接口出错； • 在多主站运行中有不同的波特率	• 检查总线电缆是否短路或断开； • 评估诊断信息，定义新的配置或纠正原来的配置
点亮	闪烁	• 站出错； • 至少有一个指定的从站不可寻址	检查连接到 CPU 31x-2 DP 的总线电缆，等待直至 CPU 31x-2 DP 已经启动。如果此 LED 不停止闪烁，则检查 DP 从站或评估 DP 从站的诊断信息
点亮	熄灭	丢失或不正确的配置(当 CPU 未作为 DP 主站启动时，也发生此情况)	• 评估诊断信息； • 定义新的配置或纠正原先的配置

表 4-4-3　"DP 从站"模式下 CPU31x-2 DP 的 LED

SFDP	BUSF	含　义	措　施
熄灭	熄灭	配置正确	—
无关	闪烁	CPU 31x-2 DP 的参数集不正确，DP 主站与 CPU 31x-2 DP 间无数据通信，可能的原因是： • 控制监视定时器(Watchdog)期限到； • 通过 DOFIBUS-DP 的总线通信被中断； • 所定义的 PROFIBUS 地址不正确	• 检查 CPU 31x-2 DP； • 检查总线连插器是否正确插入； • 检查到 DP 主站的电缆是否断开； • 检查配置和参数设置
无关	点亮	总线短路	检查总线结构
点亮	无关	• 丢失或配置不正确； • 与 DP 主站无数据通信	• 检查配置； • 评估诊断中断或诊断缓存器登入项

2. 用 S7-400 CPU 的 LED 进行诊断

S7-400 CPU 上的 LED 指示和 S7-300 有些不同。这是因为 S7-400 CPU 有带 DP 接口和不带 DP 接口两种不同的版本。

带 DP 接口的 CPU 及 DP 接口上的 LED 指示见表 4-4-4。

表 4-4-4 带 DP 接口的 CPU 及 DP 接口上的 LED 指示

CPU		DP 接口	
LED	定义	LED	含义
INTF(红色)	内部出错	DP INTF(红色)	在 DP 接口内部出错
EXTF(红色)	外部出错	DP EXTF(红色)	在 DP 接口外部出错
FRCE(黄色)	强制	BUSF	在 DP 接口上的总线出错
CRST(黄色)	完全复位(冷)		
RUN(绿色)	运行状态 RUN		
STOP(黄色)	运行状态 STOP		

带 DP 接口的 CPU 的状态和故障 LED 显示见表 4-4-5 和表 4-4-6。

表 4-4-5 带 DP 接口的 CPU 的状态和故障 LDE 显示

LED			含义
RUN	STOP	CRST	
点亮	熄灭	熄灭	CPU 在 RUN 状态运行
熄灭	点亮	熄灭	CPU 在 STOP 状态,用户程序不工作,能预热或热再启动。如果因出错而产生 STOP 状态,则故障 LED(INTF 或 EXTF)也点亮
熄灭	点亮	点亮	CPU 在 STOP 状态,仅预热或再启动可以作为下一次启动模式
闪烁 (0.5 Hz)	点亮	熄灭	通过 PG 测试功能触发 HOLD 状态
闪烁 (2 Hz)	点亮	点亮	执行预热启动
闪烁 (2 Hz)	点亮	熄灭	执行热再启动
无关	闪烁 (0.5 Hz)	无关	CPU 请求完全复位(冷)
无关	闪烁 (2 Hz)	无关	完全复位(冷)运行

表 4-4-6 带 DP 接口的 CPU 的出错和特殊功能的 LED

LED			含义
INTF	EXTF	RFCE	
点亮	无关	无关	检查出一个内部出错(编程或参数出错)
熄灭	点亮	无关	检查出一个外部出错(出错不是由 CPU 模块引起的)
无关	无关	点亮	在此 CPU 上 PG 正在执行"FORCE"功能。这就是说,用户程序的变量被设置为固定值,且不能被用户程序再改变

三、STEP 7 在线故障诊断

STEP 7 在线故障诊断的步骤如下：

(1) 将 STEP 7 与 DP 网络系统建立在线连接。

(2) 调用"PLC"菜单中的"诊断/设置"项目，执行硬件诊断、模块信息设置任务，通过反馈的数据查找出故障的部位，如图 4-4-1 所示。

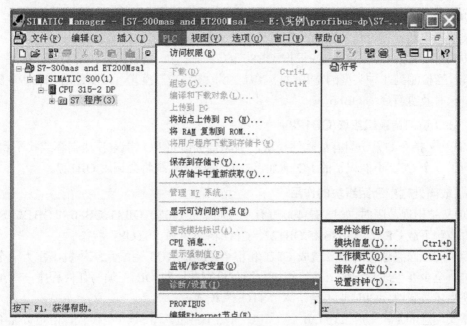

图 4-4-1　STEP 7 在线故障诊断

四、故障中断组织块诊断

STEP 提供了几个用于故障诊断的组织块，当系统出现故障时，操作系统会自动调用与之相关的组织块，执行组织块内的程序。如果用户没有对这些组织块编写故障处理程序且下载至 CPU，那么系统会使 CPU 处于"STOP"状态，导致用户很难知道是哪种故障原因导致停机。

如果用户编写故障组织块的故障处理程序，那么当系统出现故障时，系统将执行相关的处理程序，这有利于故障的排查和检修。

1．诊断中断处理组织块(OB82)

如果模块具有诊断能力又使能了诊断中断，当它检测到错误时，会输出一个诊断中断请求给 CPU；当错误消失时，操作系统会调用 OB82。当一个诊断中断被触发时，有问题的模块自动地在诊断中断 OB 的启动信息和诊断缓冲区中存入 4 个字节的诊断数据和模块的起始地址。可以用 SFC39～SFC42 来禁用、延时或再使用诊断中断(OB82)。

2．优先级错误中断(OB85)

以下情况将会触发优先级错误中断：

(1) 产生了一个中断事件，但是对应的 OB 块没有下载到 CPU；

(2) 访问一个系统功能块的背景数据块时出错；

(3) 由于通信或组态的原因，模块不存在或有故障，刷新过程映像表时 I/O 访问出错。出现故障的 DP 从站的输入/输出值装入 S7 CPU 的过程映像表时，就可能出现上述情况。

如果 OB85 未编程，当检测到这些事件之一时 CPU 就会变为"STOP"模式。可以使用 SFC39～SFC42 封锁、延时及使能优先级错误中断 OB。

3. 机架故障组织块(OB86)

如果 S7 CPU 的操作系统检测到扩展机架故障、DP 主站系统和 DP 从站的故障，则产生机架故障中断，无论是故障的产生还是消失，都将调用组织块 OB86。

在编写 OB86 的程序时，应根据 OB86 的启动信息，判断出故障的机架。如果 OB86 未编程，当检测到此种类型的出错时，CPU 变为"STOP"模式。可以使用 SFC39～SFC42 封锁、延时及重新启动 OB86。

4. I/O 访问错误组织块(OB122)

STEP 7 指令如果访问有故障的模块，例如直接访问 I/O 错误(模块损坏或找不到)，或者访问了一个 CPU 不能识别的 I/O 地址，CPU 的操作系统将会调用 OB122。

5. 故障处理中断组织块的作用

DP 从站出现故障时，如果 S7-400 没有生成和下载 OB82、OB85、OB86 和 OB122，S7-300 没有生成和下载 OB82、OB86 和 OB122，CPU 将切换到"STOP"状态。

为了防止网络通信的故障造成 CPU 和整个 PROFIBUS 主站系统停机，作为一个常规的措施，至少要生成和下载上述组织块，即使没有在这些 OB 中编写任何程序，在 DP 从站出现上述故障时，CPU 也不会进入"STOP"模式。

需要注意的是，生成上述 OB 后，CPU 虽然不再进入"STOP"模式，但是可能不易察觉这些危险状态，它们会被忽视。为了解决这一问题，在故障 OB 中，应编写记录、处理和显示故障的程序，例如记录中断的次数、保存 OB 的局部变量、调用读取诊断数据的 SF13 等，以便在出现故障时，能迅速地查明故障的原因和采取相应的措施。

通过中断组织块的局部变量提供的信息，可以获得故障的原因、出现故障的模块地址、模块的类型(输入模块或输出模块)、是故障出现还是故障消失等信息。CPU 的模块信息对话框中的诊断缓冲区保留着 CPU 请求调用组织块的信息。

五、PCS7 故障诊断监控系统

前面叙述的三种都是"手动"的诊断方法，如果能调用系统功能或系统功能块读取诊断数据，编写诊断数据分析的程序，再将分析结果通过 HMI 或 PC 机显示出来，就实现了自动化、智能化的故障诊断。其具体操作步骤如下：

(1) 编写故障诊断程序，调用 SFC13 或其他组织块、系统功能，读取系统的故障诊断数据。

(2) 对所读取的诊断数据进行分析处理，得出故障诊断结论。

(3) 调用 SFC17 或其他系统功能，把故障诊断结论以报警信息的形式发送给 HMI 或 PC。

(4) 应用 WinCC Flexible 设计 HMI 的故障诊断报告系统，或者应用 WinCC 设计 PC 的故障诊断报告系统。将 SFC17 发送的信息以图文、报表的形式显示出来。

【任务实施】

1. 用仿真软件模拟 DP 从站的故障

新建项目,下载系统数据和 OB1 至 PLC SIM,将仿真 CPU 设置为"RUN-P"模式。

执行 PIC SIM 的菜单命令"Execute"(执行)→"Trigger Error OB"(触发错误 OB)→"Rack Failure(OB86)"(机架故障 OB86),打开"机架故障 OB(86)"对话框,如图 4-4-2 所示。

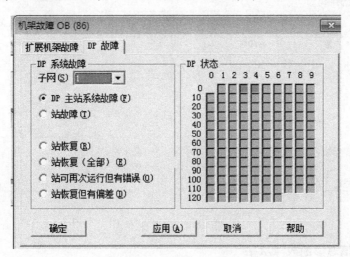

图 4-4-2　模拟 DP 从站故障

如图 4-4-3 所示,可以用"子网"下拉式列表设置网络号,选中 4 号站(ET 200B),小方框内出现"×"。用单选框选中"站故障",单击"应用"按钮。4 号站对应的小方框中的"×"消失,小方框变为红色,表示 4 号站出现故障。

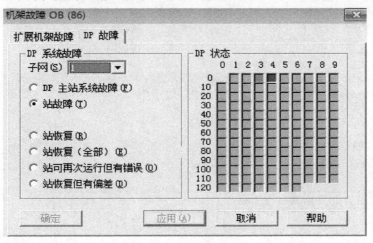

图 4-4-3　设置网络号

2. 用快速视图诊断故障

4 号站有故障时,选中 SIMATIC Manager 左边窗口的 SIMATIC 300 站点,执行菜单命令"PLC"→"诊断/设置"→"硬件诊断",打开"硬件诊断-快速查看"对话框,该对话框又称为"快速视图",如图 4-4-4 所示。

单击"帮助"按钮,或按计算机 F1 键,打开快速视图的在线帮助,单击其中绿色的"诊断符号"可以查看模块状态符号的意义。

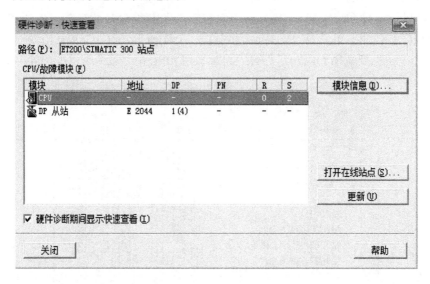

图 4-4-4　快速视图

3. 用模块信息诊断故障从站

选中快速视图中的 DP 从站,单击"模块信息"按钮,打开 4 号从站(ET 200B)的模块信息,如图 4-4-5 所示。

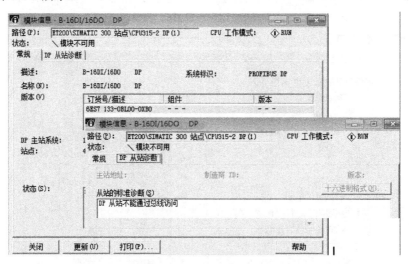

图 4-4-5　4 号从站的模块信息

硬件 DP 从站出现故障时,可以从模块信息获取诊断信息。选中快速视图中的 CPU,单击"十六进制格式"按钮,可以得到该从站的十六进制的故障诊断数据。

4．用 CPU 的诊断缓冲区诊断故障

CPU 的诊断缓冲区提供了非常重要的故障诊断信息。选中快速视图中的 CPU，单击"模块信息"按钮，打开 CPU 的模块信息对话框，在 SIMATIC Manager 窗口中，选中要检查的站，执行菜单命令"PLC"→"诊断/设置"→"模块信息"，也可以打开 CPU 的模块信息对话框。

如图 4-4-6 所示，"诊断缓冲区"选项卡提供了故障和事件信息，显示发生的事件一览表和选中事件的详细信息，可以找到使 CPU 进入"STOP"模式的原因。事件按照它们发生的先后次序存储在诊断缓冲区中。CPU 进入"STOP"模式时，诊断缓冲区的内容仍然保留。

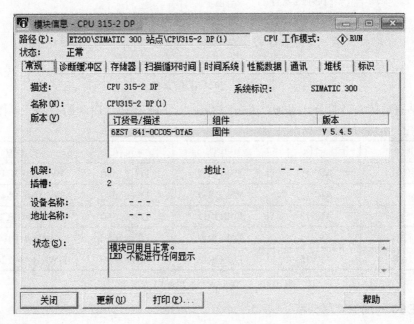

图 4-4-6　诊断缓冲区

5．OB86 的程序设计

DP 站出现故障时，CPU 将会自动调用 OB86，在 SIMATIC Manager 窗口中生成 OB86，不需要编写任何程序，将它下载到仿真 PLC 后，用上述方法模拟 DP 从站的故障，CPU 就不会切换到"STOP"模式。

在 OB86 中编写下面的程序，用 MW10 记录 CPU 调用 OB86 的次数。OB86 中 20B 局部变量有丰富的故障信息。生成数据块 DB86，在 DB86 中生成 20B 的数据 ARY。调用 SFC20 "BLKMOV"来保存 OB86 的局部变量。

程序段 1：MW10 加 1

```
L      MW      10
+      1
T      MW      10
```

程序段 2：保存 OB86 的局部变量

```
CALL    "BLKMOV"
```

　　　　　SRCBLK　　:=P#0.0BYTE20

　　　　　RET_VAL　　:=MW54

　　　　　DSTBLK　　　:=DB86.ARY

　　在 SIMATIC Manager 窗口中生成一个变量表 "VAT_1"(见图 4-4-7)。将程序块下载到仿真 PLC,打开变量表,单击工具栏上的 6⁶ 按钮,启动监控功能。可以看到在 4 号从站出现故障和故障消失时,CPU 分别调用了一次 OB86,每次调用 MW10 的值加 1。

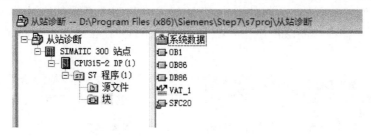

图 4-4-7　SIMATIC 管理器

　　4 号站有故障时,打开 DB86。单击工具栏上的 6⁶ 按钮,启动监控功能。图 4-4-8 是DB86 保存的 OB86 的 20B 局部变量。

地址	名称	类型	初始值	实际值
0.0	ARY[1]	DWORD	DW#16#0	DW#16#39C41A56
4.0	ARY[2]	DWORD	DW#16#0	DW#16#C05407FF
8.0	ARY[3]	DWORD	DW#16#0	DW#16#7FC0103
12.0	ARY[4]	DWORD	DW#16#0	DW#16#10100931
16.0	ARY[5]	DWORD	DW#16#0	DW#16#10226067

图 4-4-8　OB86 中的 20B 局部变量

6. OB86 的局部变量分析

　　选中 SIMATIC Manager 窗口中的 OB86,按键盘上的 F1 键,打开 OB86 的在线帮助,可以查阅到图 4-4-8 中 OB86 局部变量的意义。

　　(1) DB 86 的 DBB0(OB86_EV_CLASS)为 16#39 表示故障刚出现,为 16 #38 表示故障刚消失。

　　(2) 下面是与 DP 通信有关的 DBB1 中的故障代码 OB86_FLT_ID 的意义:

　　16#C3:分布式 I/O 设备的 DP 主站系统故障。

　　16#C4:DP 站故障。

　　16#C5:DP 站内部的故障。

　　(3) DBB2 中的中断优先级(OB86_PRIORITY)为 16#1A(26)。

　　(4) DBB3 中的 OB 编号(OB86_OB_NUMBR)为 16#56(86)。

　　(5) DBW4 保留未用。

　　(6) DBW6 的#07FF(2047)是 DP 主站的 DP 接口的诊断地址(OB86_MDL_ADDR),可以在 CPU 的 DP 接口属性对话框的"地址"选项卡中找到它。

　　(7) DBD8(OB86_RACKS_FLTD)的数据类型为 32 个位元素的数组(Array),为了便于编

程,可以将它的数据类型更改为 DWORD(双字)。如果故障代码为 16#C4(DP 站故障),则 DBW8 中的 16#07 FC(2044)是故障从站的诊断地址,与硬件组态中 3 号站的诊断地址相同。DBW10 中的 16#0103 表示 DP 主站系统的编号为 1,从站的站地址为 3。

(8) DBD12 和 DBD16(OB86_DATE_TIME)分别是调用 OB 的日期和时间。16 #10100913 和 16#10226067 表示事件发生在 2010 年 10 月 9 日 13 点 10 分 22 秒 606 毫秒,星期六。

4 号从站故障消失时,CPU 又调用一次 OB86,MW10 加 1。OB86 的局部变量的前 12B 与从站有故障时基本上相同,其区别仅在于第一个字节为 16#38,表示离开的事件。

7. DP 从站故障诊断的仿真练习

打开项目"从站诊断"后,打开仿真工具 PLCSIM,将系统数据和程序块下载到仿真 PLC。将仿真 PLC 切换到"RUN-P"模式。依次完成下列的操作:

(1) 用 PLCSIM 产生 3 号从站 ET200M 的故障。

(2) 观察 CPU 视图对象上 LED 的变化。

(3) 打开快速视图,判断 CPU 和故障从站的状态。

(4) 查看 3 号从站的模块信息。

(5) 打开 CPU 的模块信息的"诊断缓冲区"选项卡,查看故障的事件信息。

(6) 打开 DB86,切换到在线监控状态,可以看到 OB86 的 20B 局部变量。

(7) 选中 OB86,按下计算机的 F1 键,打开 OB86 的在线帮助,分析 OB86 的局部变量的意义。

(8) 用变量来监控调用 OB86 的次数。

(9) 用 PLCSIM 消除故障,重复上述的操作。

(10) 用 PLCSIM 产生和消除 DP 主站系统(即 DP 网络)的故障。

【课后实践】

1. 利用编程错误来诊断故障。

2. 根据网上资源找出扩展机架故障诊断的方法。

参 考 文 献

[1] 廖常初. 跟我动手学 S7-300/400[M]. 北京：机械工业出版社，2010.

[2] 廖常初. S7-300/400 PLC 应用技术[M]. 3 版. 北京：机械工业出版社，2011.

[3] 姜建芳. 西门子 S7-300/400 PLC 工程应用技术[M]. 北京：机械工业出版社，2011.

[4] 西门子有限公司. 深入浅出西门子 S7-300 PLC[M]. 北京：北京航空航天大学出版社，2004.

[5] 胡健. 西门子 S7-300/400 PLC 工程应用[M]. 北京：机械工业出版社，2008.

[6] 刘华波. 西门子 S7-300/400 PLC 编程与应用[M]. 北京：机械工业出版社，2010.